庭院园艺百科——花木养护与造景

[英] 创意房主（CREATIVE HOMEOWNER）　著

石头　译

中国水利水电出版社
www.waterpub.com.cn
·北京·

内 容 提 要

本书第 1 章介绍了庭院设计的基础，帮助读者规划任何类型的庭院；第 2 章讲述如何开始种植植物及打造花园；第 3 章讲解了如何在不同季节养护花园；第 4～9 章着重介绍可栽种在庭院中的植物，如一年生植物和多年生植物、月季、鳞茎植物、香草、地被植物、乔木和灌木植物等；第 10～11 章以水景、菜园等主题庭院设计为主，分享如何巧妙利用植物搭配造景。任何人都可以成为园丁，无论你是园艺新手还是园艺大师都可从书中获得更多灵感和实用技能。

北京市版权局著作权合同登记号：图字 01-2020-2997

Original English Language Edition Copyright © Beginner's Guide to Gardening
Fox Chapel Publishing Inc. All rights reserved.
Translation into SIMPLIFIED CHINESE Copyright © [2023] by CHINA WATER
& POWER PRESS, All rights reserved. Published under license.

图书在版编目（CIP）数据

庭院园艺百科 ：花木养护与造景 / 英国创意房主著；
石头译. -- 北京 ：中国水利水电出版社，2023.3
（庭要素）
书名原文：Beginner's Guide to Gardening
ISBN 978-7-5226-1358-1

Ⅰ．①庭… Ⅱ．①英… ②石… Ⅲ．①园艺作物
Ⅳ．①S6

中国国家版本馆CIP数据核字（2023）第022490号

策划编辑：庄　晨　　　　责任编辑：杨元泓　　　　封面设计：梁　燕

书　　名	庭要素 **庭院园艺百科——花木养护与造景** TINGYUAN YUANYI BAIKE——HUAMU YANGHU YU ZAOJING
作　　者	［英］创意房主（CREATIVE HOMEOWNER）　著 石头　译
出版发行	中国水利水电出版社 （北京市海淀区玉渊潭南路 1 号 D 座　100038） 网址：www.waterpub.com.cn E-mail: mchannel@263.net（答疑） 　　　　sales@mwr.gov.cn 电话：（010）68545888（营销中心）、82562819（组稿）
经　　售	北京科水图书销售有限公司 电话：（010）68545874、63202643 全国各地新华书店和相关出版物销售网点
排　　版	北京万水电子信息有限公司
印　　刷	天津联城印刷有限公司
规　　格	210mm×285mm　16 开本　10.5 印张　262 千字
版　　次	2023 年 3 月第 1 版　2023 年 3 月第 1 次印刷
定　　价	88.00 元

凡购买我社图书，如有缺页、倒页、脱页的，本社营销中心负责调换
版权所有·侵权必究

健康和安全注意事项

尽管这本书中的所有项目和流程都已经通过安全审查，但谨慎作业的重要性无论如何强调也不过分。以下是植物护理和项目实施时的一些注意事项。一切作业都务必要遵循安全常识。

- 处理有害植物、植物害虫和植物病害时，采用有毒药剂的处理方法之前，务必要先考虑无毒和毒性最弱的处理方法。使用时应遵守包装上的使用方法和安全说明。

- 改良土壤时务必用盐岩和石膏代替牛骨粉。使用以牛为基础原料的产品，如牛骨粉、牛血粉和牛粪存在危险，因为这些产品可能携带导致牛和人感染疯牛病的病毒。

- 仔细阅读化学品、溶剂等产品上的标签；确保在通风状态下使用化学品；注意警告信息。

- 使用化学药品、锯木材、修剪树木和灌木、使用电动工具、在金属或混凝土上钉金属物品时，一定要戴护目用具。

- 若操作时有可能因树枝掉落而受伤，请务必戴安全帽。

- 在粗糙的物体表面、锐利的物体边缘、荆棘或有毒的植物可能会伤到手的情况下，请始终佩戴适合的手套。

- 操作时会产生锯末或粉尘的话，务必要佩戴一次性口罩或专用防护口罩。

- 注意保护自己免受虱子、蜱虫侵害，这类害虫可能会携带莱姆病菌，为此应穿浅色的长袖衬衫和裤子，并且每次在花园里活动之后检查一下自己身上有没有害虫。

- 在挖掘树坑之前，请务必确定地下管线的位置，确认安全距离。地下管线可能是天然气、电力、通信或水用管线。如有疑问请联系当地的有关部门。

- 务必要阅读和遵照工具配套的使用说明。

- 务必确保电气装备的安全性，确保电路没有过载，所有电动工具和电源插座都正确接地，确保安装漏电保护器。不要在潮湿的地方使用电动工具。

- 始终确认手和身体其他部位远离刀刃和钻头。

- 尽量少使用除草剂、杀虫剂等有毒性的化学药品。

- 施工时易被误伤或易发生危险的区域，切勿让旁观者靠近。

- 劳累时或饮酒后，切勿使用电动工具。

- 切勿在口袋里装锋利或尖锐的工具，如刀、锯。

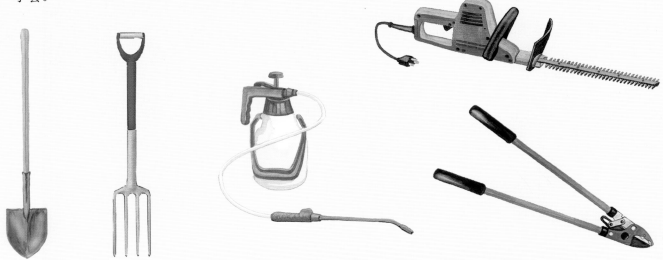

引言

很少有像园艺一样既能消遣时间又能使人收获良多的事情了。无论是阳台上的一个小花盆，还是庭院里一畦果蔬，任何人都可以从一颗种子开始，亲手打造属于自己的园艺世界。不仅仅是成年人，园艺对孩子来说也是一种独特的体验，一丛在牛奶盒播种、发芽盛开的金盏花、百日菊或是生菜，都是巨大的收获。

在繁杂的世界中，园艺是一项可以让人沉静下来的工作。只要对基本的园艺工作有所了解，就会收获巨大的成就感和乐趣。本书中介绍的园艺技巧易于操作且实用，无论你是园艺新手还是经验老道的专业园艺工作者都可以从书中找到适合自己的内容。

本书第 1 章介绍了庭院设计的基础，帮助读者规划任何类型的庭院；第 2 章教授读者如何开始种植植物及打造花园；第 3 章讲解了如何在不同季节养护花园，如何治理杂草及病虫害；第 4～9 章着重介绍可栽种在庭院中的植物，如一年生植物和多年生植物、月季、鳞茎植物、香草、地被植物、乔木和灌木植物等，仔细探究它们各自所能发挥的作用；第 10～11 章以飞鸟、蝴蝶、水景、果蔬园等主题庭院设计为主，分享如何巧妙利用植物搭配造景。

书中详细列出了需要的工具和材料。每个项目都有难度评级：**简单**，即使对初学者也很容易；**中等**，有点难度，但对有耐心和意愿学习的初学者来说可以做到；**挑战**，具有挑战性，需要在时间和工具上有大量投入，可以考虑寻求专业人士的帮助。

一个精心设计的花园可以将庭院空间死角转换为私密、僻静的角落（上图）。

目　录

第1章

设计基础

　　庭院设计的基础之一是弄清楚什么植物种在哪里，有什么目的，以及能产生什么效果。这部分园艺工作对一些人来说是一种乐趣，而对另一些人来说则是一种挑战。不过，无论你属于哪一种，一旦掌握了一些基础知识，设计就会变得容易很多。

　　好的设计至关重要。考虑不周的种植方案通常结果都会比较糟糕，缺乏吸引力，或妨碍人们在院子里进行其他活动。但是精心设计的花园则是另一种景象。好的设计使花园既美观又易于维护。在开始的时候，花点时间来绘制设计图，之后再不断修改，直到设计能满足整个家庭的所有需求为止。

入门知识

　　没人会在没有图纸的情况下就开始建造房子。同理，在建造庭院时，提前规划同样很重要。幸运的是，设计庭院没有设计房子那么复杂。简单的花园只需要进行一些简单的规划。有些规划很简单，在你的脑海中呈现即可。例如，门前种植水仙花和番红花，再种上被屈曲花围绕的矮牵牛，这些几乎不需要画在纸上。不过，面积较大、涉及植物量多时，就需要更多的考量，往往需要制订书面计划。要协调好植物颜色、株型和花期，一次设计可以观赏几个月，这就需要付出更多的努力，更不用说经验和知识了。

设计方案

　　最具挑战性的设计任务是对整个庭院进行规划。这个规划应该设法考虑所有家庭成员的所有户外活动。要考虑成人和儿童的娱乐活动，入口和各区域的通道，避免邻居和路人打扰的隐私性等。整个景观的

绘制场地总平面图

　　总平面图可以直观地帮助你规划、调整局部空间。如可以调整儿童游乐区和成人休息娱乐空间；为了避免将来会出现遮挡的问题，可以修剪成熟植株的大小；提前为特定区域留出空间，如浆果植物区或水景园。

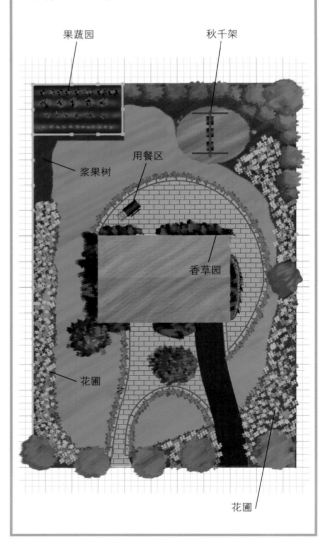

果蔬园　　　　　　秋千架

浆果树

用餐区

香草园

花圃

花圃

规划可能包括室外建筑物，如藤架、围栏和小路的布置；对整个庭院进行区域划分；有时也会确定新房子、车库和车道的位置。只规划单一花坛和花圃很容易，这是本书的重点。

从小区域开始设计　设计取得成功的最好方法是从小区域开始设计。你从每一个项目中获得的经验和知识都有助于以后的工作。但这种做法的缺点在于最终庭院中会出现一些互不相关的元素，就像每年买一些不同样式的餐具组成一套一样。所以在每个设计阶段都应花时间全盘考虑一下。在动手之前，考虑一下家人最喜欢的户外活动以及可能开展这些活动的地点，然后避开活动地点打造花坛。例如，如果家中有露台，你的第一个项目可能是在露台种植一丛华美芳香的一年生和多年生植物。如果没有露台，而你打算建一个，可以把第一个花坛建在露台周围，这样以后就不必再拆了。

和谐的配色方案与植株的外形搭配，以及结构焦点的巧妙运用，是使这个花园变得令人愉悦的设计要素（左上图）。

开始着手打造景观时，先从小规模设计开始。第一批植物生根后，既可以在此基础进行扩充，也可以在院子的其他地方增加新的花圃（右上图）。

为未来修订计划　随着时间的推移，园艺新手会变成有经验的园丁，庭院规划也在逐渐演变。这种成长过程是园艺工作中最大的乐趣之一。许多园艺植物很容易就能适应变化，如果你想种到别的地方，挖出来搬走即可。但是，乔木和大型灌木适应性较差。如果想用木本植物来改造宅院的景观，可以考虑聘请一个有经验的园丁或雇用一个景观设计师来帮助你制订一个长期的计划。这样的计划可以避免数年后需要移植树木或迁移花坛的麻烦和苦恼。

园艺设计基础

植物的颜色、形态、叶片、香味等是吸引人们选择栽种的主要因素。人们还会对种球、种荚、果实、叶子的形状和颜色、茎、枝、树皮，以及植物的整体形状做出评价。植物形态也称为生长习性。

设计花坛最基本的是选择和布置植物，使这些植物的搭配产生令人满意的效果。这一点说起来容易做起来难。专业的景观设计师有两个重要的优势——熟悉植物的特性，并且有许多可供借鉴的设计案例。然而，与为众多客户工作的专业设计师相比，你也有个人优势，因为你只需让自己满意即可。而且你也可以利用专业设计师使用的技巧。

每一个老练的园艺设计师都曾经是初学者。从小规模的园艺设计开始，试错成本低、也容易纠正失误。你会惊讶地发现自己很快就能熟悉各种植物。看看本书中的照片，都是一些经典的范例。也可以在旅途中研究那些引人注目的花园设计。如果有机会，多多参观公园和私人花园。保存你喜欢的植物组合的照片。

规划第一片花园时，应试着识别和熟悉你喜欢或讨厌的植物特性。以下内容将帮助你开始园艺实践。

色彩、对比与和谐

对许多人来说，色彩是花园的典型特征，早春伊始，亮丽的小番红花点缀着仍然沉睡的乡村，到了秋天，整个景色似乎突然就布满了火红的叶片。花自然是色彩的宝库，但别忘了植物的叶片也很炫丽，大多数时候，花园的主色调都是叶片的颜色。

不妨大胆地运用色彩，但也不要随意地使用色彩组合。可以探索一些对比色的组合，如黄色的黄花菜与蓝紫色的鼠尾草。也可以尝试互补协调的颜色，比如紫色的金光菊和粉色的夹竹桃。白色的花，如雏菊，或灰色、银色叶子的植物，如青蒿和棉毛水苏，可以调和植物组合中颜色的冲突，缓和不太协调的植物间的过渡。在选择你的植物组合时，请认真考虑本书中的色轮。

在种植时，也要设法充分利用植物叶片的颜色。一些植物叶片能把两种植物融为一体，还有一些本身就可观赏。常绿灌木如紫杉、侧柏和杜鹃花的绿荫，为五颜六色的花朵提供了绝佳的背景。单单是各种绿色、蓝色和金黄色的玉簪花叶片和秋天黄褐色夹杂着金色的观赏草，就很引人注目。别忘了，还有其他五颜六色的植物。冬青、山楂和景天结出诱人的果实和种球，而红枝山茱萸的红色枝条又是那么与众不同。

各种颜色和形态的植物让这座花园为观赏者提供了一场视觉盛宴。

和谐的色彩在色轮上比较接近，能在花园中打造出永不过时的植物组合。右图，粉色的萱草花放大了缤纷西洋蓍草的视觉效果。

深浅不一的绿色中点缀几抹白色，使疲惫的眼睛得以休息。

一年四季的色彩

一旦你对色彩组合有了感觉，就可以考虑如何在四季都能呈现出一系列多彩的景色。经过思考和规划，在寒冷地区也可以在早春看到鲜花绽放，在整个冬天欣赏多彩的树叶、树皮和浆果；而在冬季温暖地区，更是一年四季都可以欣赏五彩的花卉和叶片。

植物的种类 用一年生植物和多年生植物搭配种植，就可以让花园在一年中的大部分时间呈现出五彩的颜色，如果你在种植计划中也纳入了灌木和乔木，选择就会更多，成果也会更有新意。

一年生植物花开不断，许多一年生植物种下不久便开始开花，直到秋天霜冻时枯萎。一年生植物可以种在花坛或花盆里，为单调的空间迅速增添丰富的色彩。大多数多年生植物的花期只有几周，而不足数月，但年复一年的持续生长使其成为庭院中不可缺少的设计元素。因为开花时间有限，使你可以规划一系列的配色方案，随着植物的花开花谢，可以领略整个多年生植物花坛四季的景色。例如，在晚春时节，多年生的蓝紫色或白色的耧斗菜可能会在花坛的靠前处开花；到了夏天，花坛两端则会有一簇簇金黄色的蓍草；到了秋天，后面又会开出一丛高大的深紫色紫菀。利用季节和花期，你可以把花园的配色方案从春天柔和的粉彩变幻为夏天充满活力的渐变色，再在秋天转换成浓郁的大地色调，而不用担心会有色彩的冲突。

叶片 各个季节的植物都能展示出缤纷的叶片，包括黄色、红色、橙色、金色、紫色等。一年生植物、多年生植物（包括观叶类）、灌木和乔木中，有很多植物可以在你的花园里长出漂亮的叶片。而在冰雪覆盖的冬季景观中，常青树和灌木以及喷泉状的观赏草丛则会成为园中的焦点。

多季节植物 有这么多吸引人的花和观叶植物可供选择，通过种植至少可以装扮两个季节的植物来尽量充分地利用花园空间。例如，许多灌木月季可以从晚春开花到霜冻时期。山茱萸在春天开出漂亮的粉红色或白色花朵，在秋天则满是玫瑰红的叶子。多年生植物如玉簪花、落新妇和斗篷草的花期虽只有几周，但漂亮的彩色叶片却可以持续几个月。

种植山茱萸可以持续欣赏多个季节。它春天盛开优雅的花朵，紧接着是色彩鲜艳的秋叶。它纹理丰富的树皮一年四季都很秀丽，但在冬天最引人注目。

白色的花朵和银灰色的叶子可以作为颜色边界的缓冲带，使得整个花园融为一体，见上图。

花开不断，让下图中的花园显得格外可爱。春天的球茎植物、夏天的鸢尾花和牡丹撑起了这一季的景色。秋季，八宝景天就成了花园的焦点。

季节的颜色

  开花的灌木和乔木作为极具特色的植株混合种植在花坛中，或密植在景观中，都能极大地发挥连续展示色彩的作用。

- 有许多春天开花的乔木和灌木，包括杜鹃花、连翘、紫丁香、山茱萸、海棠和樱桃。
- 夏季开花的植物，可以尝试紫薇、广玉兰、绣球花和醉鱼草。
- 秋天开花的植物有圣洁莓和秋樱桃。大花六道木也可以从春天一直开花到秋天。
- 许多生长在温暖气候下的乔木和灌木，如金合欢、茶花和常绿钩吻，在冬天也开花。在北方地区，金缕梅可在冬天开花。

形态和质感

虽然色彩可能是引人注目的首要特征，但花园还需要其他更微妙的设计元素来维持和提高人们的兴趣。在最初被色彩吸引很长一段时间后，其他特性将会逐渐吸引你的注意力。包括单个花和叶片的形状，植物或植物群落的形态，以及植物的质感。

就像颜色一样，植物的形态和纹理也可以结合起来，以加强对比或促进和谐感。低矮的、柔软的棉毛水苏树丛与平滑丰满的八宝景天叶片形成了鲜明的对照；鸡爪槭纤弱的横枝在浓密的针叶树林里勾勒出纵横的线条。而飞燕草的锐刺则点缀了筋骨草丛。

学习欣赏植物微妙的形态和质感很花费时间，而学习如何将各种植物结合起来并利用这些特性

在这个花园中，颜色和形态的重复营造出一种连续且统一的感觉。

则需要更长的时间。欣赏能力和技能水平都会随着园艺实践的增加而提升，所以不必拘泥于细节。多考虑到植物的高度和延展性，还要注意植物的整体外形和生长习性。在制订计划时，应试着创造一些外形、质感和颜色都有趣味性的植物组合。

不同植物形态

植物的形态和质感与颜色、大小或花期同样重要。在设计花园时，要设想一下如何将各种乔木、灌木和草本植物的形态纳入你的景观中。

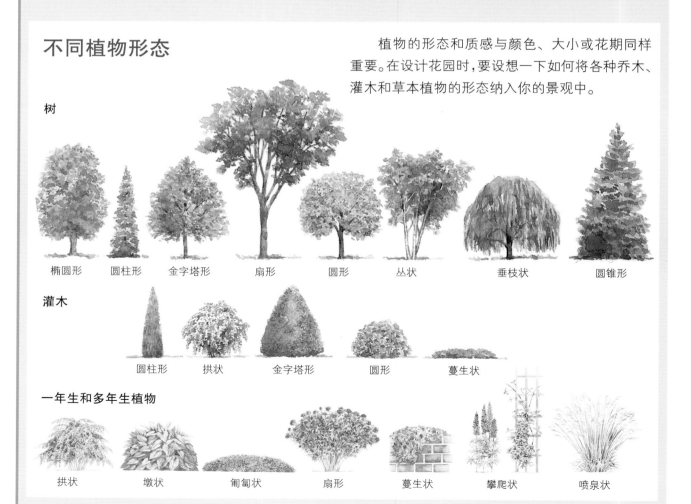

树

椭圆形　　圆柱形　　金字塔形　　扇形　　圆形　　丛状　　垂枝状　　圆锥形

灌木

圆柱形　　拱状　　金字塔形　　圆形　　蔓生状

一年生和多年生植物

拱状　　墩状　　匍匐状　　扇形　　蔓生状　　攀爬状　　喷泉状

重复

　　初学者有时候认为尽可能多的种植不同种类的植物才能让花园彰显魅力。通常情况下，这种想法会导致一个花坛里有几十种植物，而每种只有一株。或许许多种植物分散在庭院的不同角落会显得花园缤纷多彩，但是都聚集在一个花坛里则看起来就会很杂乱。最好的方法是"重复"（repetition），设计方案中最常用的方法之一。

　　在同一个花坛的几个地方重复种植相同的植物或相同颜色的植物，可以给其他植物提供背景，使构图更整洁，有助于将花坛连接在一起。在大型花坛中进行重复种植尤其合适，重复元素可以将花坛分成更小、更容易把握的区域，同时还可以统一花园的整体风格。

　　单纯的重复并不能减轻在小空间里种太多植物给人带来的眼花缭乱之感，只有同时简化种植方案，才能发挥最好的效果。

　　首先，应减少不同植物的种类。如果你一定要种二十几种植物，那就应多规划一些花坛。接着，增加保留植物的数量。举例来说，不要只种植一株斗篷草和一株牡丹，而是每一种种若干丛，每丛三株、五株或七株（奇数的植物丛比偶数的更有层次感）。单一种类的植物组成较大的植物丛更吸睛，也更容易形成连贯的颜色或形态。当然，有些植物太大了，只需一株就能抓住人们的注意力，其他类型的植物最好成批种植。例如，地被植物可以铺满整个花坛，构成连贯的背景，在视觉上把花园连在了一起。

焦点

　　无论是一个小花坛还是整个庭院景观，任何构图或设计方案都可以从一个或多个焦点中受益。这些焦点元素能迅速吸引眼球，为观众的探索提供一个起点。

　　焦点不必很大，但它确实要能够吸引人的注意力。在多年生植物的花坛里种一丛高耸的观赏草；在庭院景观中种一株园景树，如垂樱或鸡爪槭，往往能成为引人注目的焦点。遮阳棚、凉亭或木凳等建筑物也可以成为焦点。

在这个花园中，颜色和形态的重复营造出一种连续且统一的感觉。

类似水盆这样的人造痕迹，在各个季节都能吸引人们的注意，激发人们的兴趣。应将焦点放在你想吸引观赏者视线的地方。

第2章

准备工作

一个精心设计的花园有了健康的植物和悉心准备的肥沃土壤，园艺工作必定会顺利又省心。你会发现各种准备工作，无论是给花园除草还是松土，都是一种享受。

购买健康的植物

虽然许多一年生植物和一些多年生植物都很容易播种种植，但大多数人更倾向购买已培育好的植株。

找一个提供优质植株和好的种植建议的园艺品店。一个优质的本地植株供应商，可以让你在购买前检查植株，并从知识渊博的员工那里了解如何在所在地区种植适合的植物。

辨别园艺商店时，应考虑那些全年供应植物和园艺用品的供应商，或者至少是整个生长季节都能供应植物的供应商，而不是那些季节性销售植物的供应商。另外，要问清商店的退换货政策。有些供应商根据植物种类和具体情况，可以换货；或者如果植株在一年内死亡则由供应商负责，买家无须付款。如果您购买的是大型的、昂贵的植物，比如一些灌木和乔木，记得要发票证明。

选择大小 许多植物都是以盆栽形式出售的，有直径从 3cm 到 30cm 甚至更多尺寸选择，另外，也有的是裸根或者是根球用粗麻布打包的，如第 5 章和第 9 章所讨论的植株。一般来说，大型植株比较小的同类型植株树龄更长、更贵。不过，同一品种的多年生植物，无论是购买何种包装形式的，种下一年左右，大小都差不多。灌木和乔木的大小差距通常较小。在购买一年生植物时，新手往往会选择最大的或已经开花的植物，要抵抗住这样的冲动，因为没有开过花的幼小植株很有可能会长得更好。

应仔细挑选植株。还没有开花的较小的植株通常比已经开花的植物长得好，尤其是那些有小根球的植株（左图）。较大的根球可以减少早期开花给植株造成的压力。

着手建造花园（下页图），涉及挑选适合庭院环境的植物，布置和设计花坛，通过调整 pH 值和添加有机质、养分来改良土壤。

购买植物须知

　　无论买的是一年生植物、多年生植物还是树木，都应按照以下标准仔细检查每一株植物：

■ 叶片颜色、状态良好。不要选择那些叶片褪色或缺叶，以及叶片无力或枯萎的植物。

■ 植物的整体外形应该有适当的分枝，树叶茂密、均匀且对称。不要选择有长长的、杂乱嫩枝的植株，或嫩枝看起来发育不良的植株；也要避免那些新梢、茎和枝条折断或弯曲的植株。

■ 容器的大小应与植株相匹配。大的植物种在小盆里，盆里可能会长满根系，如下左图所示。

■ 容器底部的排水孔中可以伸出部分小根系。不要选伸出的根系又长又粗的植株，也不要选根系盘绕在土壤表面或靠近土壤表面的植株。

■ 土壤应该装填至距离花盆沿约3cm处。不要选择土壤干透的植株。

■ 不要选出现病虫害症状的植株，包括花畸形、茎或枝扭曲等。

■ 留意牢牢系在植株上或插在花盆里的标签。植株有时会贴错标签，但完全没有标签的植物风险更大。

根系长满容器的植株通常有大量的根从盆底的排水孔中伸出来。

在移植之前，先将错综的根系梳理开，以免抑制植株的生长。

　　植物和场地相匹配　最后，选择植物的时候，记住要选择植物习性与当地环境相符的植物。植物标签有时会标记植物需要多少阳光和水量，以及什么类型的土壤。如果不确定植物需要什么样的生长条件，可以在买的时候向商家咨询。许多人喜欢尝试种植新品种的植物，还有一些人不得不在不利条件下种植植物。如果你决定将植物置于可能不利的环境中，应做好种植失败的准备。花几年时间照料一棵昂贵的灌木或乔木，结果却因为冬季气温过低或日照不足而死亡，这无疑让人十分痛心。

小提示

园艺灌溉

　　全世界都在强调节约用水的必要性。鉴于不断增加的水资源成本及对环境的担忧等，人们对庭院和花园用水变得越来越敏感。"土壤排水性"一节提供的建议可以帮助减少景观所需的用水量。

植物名称中包含什么意义？俗名与学名

你有没有这种经历？被身边常见花草的学名震惊到。很多人得知在外婆花园里人人赞赏的黑眼菊更准确的名字是叫全缘叶金光菊（"金色风暴"）时，就对其失去了兴趣。这名字让原本轻松赏花的氛围看起来更像是植物学实地考察。

不要让植物的名字迷惑你。首先，请放心，像"黑眼苏珊"这样的常用名完全可以用在鉴别或与他人讨论植物。只要你和谈话人在同一种植物上使用相同的名称就可以了，常用名和植物学名都可以用。不过，也有明显不同的植物可能会共用一个常用名的情况，而且一种植物也可能有几个不同的常用名。例如，黑眼菊也是黑心金光菊和金花菊的俗名。在讨论和购买植物时，如果想确定是哪一种，一个好方法就是使用植物学名。

幸运的是，园丁不需要掌握复杂的植物命名法。前面提到的黑眼菊，金光菊是这种植物的属名；全缘是它的种名；而"金色风暴"是这种栽培品种的名称。属和种是科学家们设计出来用以区分具有相似的重要植物学特征的不同植物的分类方法。栽培品种是由育种家、研究人员或者园丁选育的某种植物的独特群体起的名字。许多园林植物并不是栽培品种，所以只能通过它们的属和种名来识别，比如大花山茱萸，北美山茱萸。有些植物可能只通过属和栽培品种名称来识别，如景天科的"八宝景天"。此外，你还会遇到植物命名法的一些其他变化。要记住，在鉴定或定购植物时，你不需要知道植物名称的意义，就像你不需要知道人们名字的含义一样。

在本书中，通常会使用常用名，在具体植物的简介中，还会看到它们的植物学名，这样你去购买的时候就可以确定是哪种植物了。许多园丁发现，他们有时使用常用名，有时则使用植物学名，这取决于在特定情况下哪个最实用、普遍。

全缘叶金光菊（"金色风暴"）是这些黑眼菊的植物学名。

你可能更熟悉八宝景天的另一个名字"长药八宝"。

植物的耐寒性

在选择植物时，应多考虑那些能够承受严酷气候的植物。衡量这种能力最常用的标准是植物生存的最低温度。园艺家和专业园艺师根据植物在最冷的温度下可以生存的区域对许多植物进行了评级。一年生植物一般不进行评估，除非它实际上也是多年生植物，但只在温暖地区比较耐寒，在北方作为一年生植物进行种植。

如果在选购时发现商店内的植物缺少耐寒性的介绍，或者没有标注适宜生长地区，请与工作人员沟通，确定这些植物需要什么样的生长条件。

小提示

合理用水

- 寻找本地的原产植物。这些植物靠大自然日常提供的降水就能茁壮成长。
- 对于非本地原产的植物，应选择那些能很好适应本地环境的品种。不过，即使是耐旱植物，种在花园中的前两年也需要定期浇水。
- 将需水量相似的植物种在同一花坛中。
- 在冬季温暖的地区，多年生植物和木本植物应在秋季种植；在冬季寒冷地区，应在早春种植，以利用自然降雨灌溉。
- 在花坛表层土上覆盖护根物，以利于保持土壤水分。
- 监测土壤湿度，以便在必要时浇水，而不是定期浇水。
- 使用渗水管或安装滴灌系统，以减少水资源的蒸发和浪费。
- 用容器种植时，可以用塑料盆代替多孔的陶土罐，因为陶土罐内水分干得快，也可把塑料盆套在陶土罐内或把两个陶土罐叠套在一起，达到土壤保水保湿的目的。陶土罐之间的空隙用泥煤苔填充，并给填充物浇水，有助于保持根部凉爽和湿润。

在这个花坛，各种喜水植物连成一片，千姿百态。

打造美丽的花园

成熟的园艺工作并不是从挑选最可爱或最健壮的植物开始。相反，一开始应缩小植物选择范围，根据庭院环境选择植物。正如前面提到的，庭院中的土壤特性及风向、日照或遮阴都会对植物产生不同影响。像西洋蓍草这种喜阳光的植物很难在遮阴的地方生长或开花。而干燥、阳光充足的位置又会导致像凤仙花这样喜阴的植物枯萎死亡。其他条件，如冬季寒冷和夏季炎热，则会影响整个地区。在开始挖掘花坛之前，应提前分析庭院的每一处环境，再根据环境因素挑选适合种植的植物种类。

整地

很少有园艺工作能像整地一样对植物带来大量益处。只有健康的土壤才能长出健康的植物。土壤需足够厚实，以固定根系，但又需足够松散，能使根系伸展；土壤需保持足够的水分以满足植物的需要，但又不能过多导致根系腐烂或缺氧；土壤需能提供足够多的养分供植物生长；土壤需能供养大量的蚯蚓、土壤真菌、昆虫和微生物，让这些生物共同作用，以帮助保持土壤健康。

总的来说，黏土含量高的土壤排水慢，营养丰富；沙质土壤排水迅速，但往往缺乏养分。壤土是理想的种植园土，由适量的黏土、粉土和沙子与有机质充分混合而成。其排水速度适中，有足够的空气间层供氧气和根系透入，还能保持足够的营养元素，以维持植物的健康生长。

制备方法 各种形式的整地工作都对新花坛有益。如果坛中未耕种的土壤大部分是壤土，则只需除去不要的植物和杂草并松土。但是，大部分土壤需要一些其他的整地工作来改善结构、养分含量和排水性。只要加入足够的有机物和矿物质，这些特性都可以得到改善。许多园丁通过将碎草屑、腐烂的粪肥或堆肥覆盖在花坛中，就能打造出肥沃的土壤。在果蔬园里，每年将有机质掺入土壤可以在一段时间后改变贫瘠的土壤状况。多年生植物花坛中的土壤不能每年进行大规模的改良，但是补充覆盖物、增施堆肥和必要的肥料可以保持甚至改善土壤的质量。

土壤检测

园丁可以检测土壤，并根据测试结果对其进行改良。在园艺品店可以买到方便使用的检测装备，检测结果通常没有专业实验室的结果那么精确，但对于日常家庭园艺已经足够。

土壤测试的结果因所评估的因素不同而有所不同。一些较普遍的家庭测试可以评估各种营养成分，一般建议以改良土壤或使用化肥来解决所种植的植物营养不足的问题。所有的土壤测试都会测量土壤的 pH 值，值即酸碱度，用 1 ~ 14 表示。在家庭测试套装提供的所有测试中，最有用且准确的是 pH 值测试。一般来说，土壤的 pH 值会影响植物吸收土壤中的养分。pH 值为 7 是中性，既不呈酸性也不呈碱性；pH 值越低于 7，表示土壤酸性越强，越高于 7，则表示土壤碱性越强。

每年使用相同类型的测试套装可以让你更好地了解土壤的变化。

土壤质地是由砂壤土、粉砂壤土和黏壤土、腐殖土壤总量的百分比决定的。土壤质地很难改变，不过，可以添加肥料和有机覆盖物来改善土壤结构。

采集土壤样本

收集土壤样本检测时，应扫除土壤表面的杂物，用干净的铲子（推荐用塑料铲子）挖一个 10 ~ 15cm 深的洞。然后从洞的一边取厚 1cm 的土层，把土放进干净的塑料容器里（由于样品太少，金属器具会影响测试结果）。像这样从种植区域周围的不同点取若干样本。为比较庭院中不同种植区域的土壤，应分别准备单独的样品进行测试。样品贴上写着土壤预期用途的标签（如种植蔬菜、多年生植物等）。

改善土壤pH值

园林植物可以耐受 pH 值在 4.5 ~ 8.0 之间的土壤，不过，大多数植物在 pH 值为 6.0 ~ 6.5 时生长得最好。因为大多数园林植物能耐受各种酸碱性的土壤，所以一些园丁从不调整土壤的 pH 值。但最好根据植物习性调整天然土壤的酸碱性，例如增加酸性以便种植杜鹃花和山茶花，或增加碱性以利于那些喜欢 pH 值接近中性的植物。

如需调整土壤 pH 值，请参考专业人士的建议。用于调节土壤 pH 值的材料都很便宜，而且很容易就能买到，如石灰能降低土壤酸性，而硫黄、泥炭苔或木质有机改良剂可以提高土壤酸性。不过，施用改良材料的类型、数量和频率根据土壤和环境的不同而有所不同。

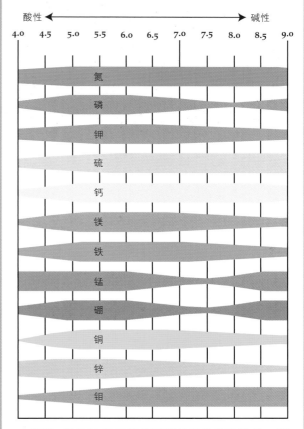

土壤的 pH 值决定了植物对养分吸收的有效性。图中各条形图的宽度越宽，表示可以吸收的营养就越多。显而易见，大多数植物在 pH 值为 6.0 ~ 6.5 的土壤中生长得最好。

土壤排水性

对植物来说，土壤的排水性和土壤的肥力同样重要。在浸水的土壤中，根系缺乏必要的氧气则会逐渐腐烂；如果土壤太干燥，根系则会枯萎。

规划花坛时，应测试所在地点的排水性能。挖一个或多个 30～60cm 深的坑，装满水，排干后再装满水。

- 如果 24 小时后水排干了，那么其排水性能适合大多数植物。
- 如果土坑中还留有几厘米深的水，那些喜欢排水性良好土壤的植物可能会不太适应这样的土壤。在这种情况下，可以通过二次挖掘和添加

大量的有机物来改善土壤排水性。改良土壤时掺入的材料及其比重取决于土壤类型和条件，所以最好咨询苗圃或园艺品店的专业人士。

- 如果 24 小时后测试坑中仍有几厘米深的水，那就要重新规划位置。如果没有其他地方可以选择，应按第 25 页的方法建造抬高式花床。

注意： 测试土壤排水性时，可能会在坑的底部发现一层坚硬的，不透水的土层。这一层被称为硬土层，通常是土壤特别是潮湿状态的土壤被重物反复压实造成的。

许多林地植物种类在春季和秋季格外湿润的土壤中生长得很旺盛。

通过测试坑可检测土壤排水性能。如果第二次灌水一天后坑里仍有水，则应在种植前调整土壤排水性。

改良剂与肥料

改良剂和肥料这两个术语含义相通，但二者也有不同之处。在本书中，改良剂是能改善土壤结构、排水性和保肥能力的材料。一些改良剂添加了养分，而所有肥料都含有养分。例如泥煤苔是一种改良剂；有些材料，如堆肥，既可以作为肥料，也可以充当改良剂。

有机土壤改良剂 土壤改良剂可分为有机和无机两种。有机改良剂是生物死后分解后的残留物。寻找有机改良剂很容易，可以从自家院子里收集剪下的碎草和树叶，或购买袋装的堆肥。一些特殊的改良剂如牡蛎和蟹壳与荞麦和稻壳，仅在部分地区出售，这些

材料有许多都是对土壤极好的添加物。但有些材料，如轧棉机废料或皮革废料，可能含有潜在的有害农药残留物或重金属，此类材料不可用于改良土壤。

有机质可以改善黏壤土和砂壤土的透气性和排水性，还能提高砂壤土的保肥性。有机质分解时，还能为植物提供养分。可以在任何土壤中大量添加有机改良剂，效果都很好。如果要挖 30cm 深的坑，你可以加 15cm 深的有机改良剂。要使用腐熟好的材料，如深色易碎的堆肥或泥煤苔（部分分解的水藓泥炭）。而含有高浓度盐类的材料，如未经处理的粪便，或含有高浓度碳的材料，如新鲜锯末，会损害或阻碍植物

的生长。另外，在现有的花坛上覆盖几厘米的干草或碎叶，则能很好地吸收这些有机质。

可以自己制作堆肥，如第33页所述。如果需要的量比较大，可以从专业园艺商店购买。越来越多的人使用有机废物制作堆肥。用叶片和庭院垃圾制作的堆肥一般比较安全，但要谨慎使用城市垃圾堆肥，也应避免使用城市混合垃圾制作的堆肥，如要使用，应确保这些垃圾不含塑料，并且经过测试证明不含有害的重金属成分。

无机土壤改良剂　无机材料除了石灰、硫黄和石膏外，还包括能提供钾元素的绿砂和提供磷元素的磷矿石。绿砂和磷矿石在种植中的使用越来越普遍，而且几乎所有的专业园艺商店都销售石灰、硫黄和石膏。

使用无机材料　虽然几乎不可能在土壤中添加太多腐熟的有机质，不过也要注意只添加适量的无机材料。调整 pH 值时，应按专业人士推荐的精确使用量施用石灰、硫黄或石膏。

许多肥料是由无机物制成的，这些无机物能提供植物所需的矿物质。用大量腐熟好的有机堆肥改良土壤后的新花坛，无需额外添加肥料就能长出健康的植物。不过，如果不能确定土壤的肥力，也可以添加一种由岩石粉末和有机材料制成的平衡混合肥，或者每100平方米加10千克的合成颗粒肥料，而不用担心用量过多。要记住，过多的肥料会损害植物。根据土壤测试结果施用肥料是最好的办法。

如今的肥料普遍含有有机质。在购买之前，看看肥料是否经过批准可以用于有机种植。

计算化肥使用量

肥料的种类之多令人困惑。各种肥料之间的区别通常取决于所提供的营养物质、组成的材料和存在的形式。有适用于特定植物和特定环境的肥料，也有通用肥料。有些由有机材料制成，有些则由无机材料制成，有些来自"天然"物质（植物、岩石和动物），而另一些是在化工厂合成的。许多肥料呈颗粒状，不过液体和粉末肥料也很常见。此外，一些肥料通常是由经过最简处理的天然产品制成，有机种植者可以使用，而其他的（通常是化工厂合成的）则不能用于纯有机农业。

所有的肥料都以无机离子的形式提供养分。有机肥料往往比合成肥料起效慢，但可以改善土壤结构，有助于土壤的长期健康。

植物需要较多的氮（N）、磷（P）和钾（K），其他营养素（即微量元素）相对较少，因此人们便根据这些大量元素（即主要元素）的相对含量对肥料进行标记。N、P、K 的比率通常按顺序展示在包装的显著位置，例如，10-10-10。一种10-10-10 型肥料的三种主要元素的含量是 5-5-5 型肥料的两倍。在准备种植床和进行日常护理时，这三种元素含量大致相同的肥料就能够满足需要。这种肥料有时被称为平衡肥料。如果土壤测试显示缺乏某种营养素，应询问专业人士哪些肥料符合测试结果以及需要施用多少。如果不想用合成肥，那就找一种有机种植可以使用的肥料。

园艺工具

　　下图展示的工具足以满足所有的家庭园艺工作。较好的工具可能购买价格较高，但从长远来看并不贵，因为它会很耐用，几乎不需要更换。推荐购买带耙齿和用一整块厚壁钢管制成手柄的花园铲和叉子。

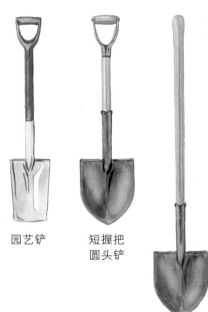

园艺铲　　短握把圆头铲

长柄圆头铲

园艺铲和铁锹　对于许多园丁来说，最重要的挖掘工具是通用平底园艺铲。它可以用于花坛整地、植物移植和花坛边缘的维护。圆头铲的铲刃在宽度上比园艺铲的弧度更大，使其对于挖掘含沙多的土壤及挖取成堆的砾石时更有用。短握把圆头铲很方便，可以很好地利用杠杆作用，但高个子的人可能更适合长柄圆头铲。

花园叉　这种工具可以用来铲铁锹铲不动的压实土，是在春天或秋天将改良剂掺进土壤中或为果蔬园松土的理想工具。厚齿的方形叉比薄扁的叉更抗弯，不过，厚齿叉更重。

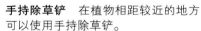

手持除草铲　在植物相距较近的地方可以使用手持除草铲。

手动喷雾器　应购买两个喷雾器，一个用于施用液体肥料，另一个用于喷洒杀虫剂。每次使用后都应清洗干净，以保持喷嘴清洁。

耕作机　一个小的耕作机可以用来将肥料掺入土壤，也可以用于打造平整的苗床。

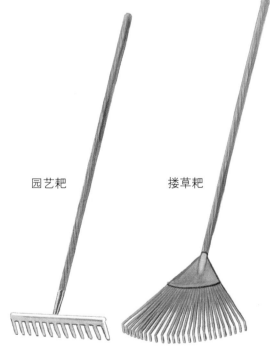

园艺耙　　搂草耙

园艺耙和草坪搂草耙　园艺耙可以用来平整土壤表面，为种植或播种做准备；也可以用于摊开土表的改良剂。清除叶片、树枝和一般的整理工作，可以使用带有长齿的宽面搂草耙。

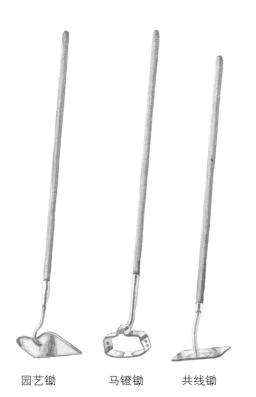

园艺锄　　马镫锄　　共线锄

锄头　选购一个园艺锄或标准锄，以便进行常规作业；马镫锄用来除杂草；共线锄可以完成非常精细、困难的工作，其刀刃锋利，干活也会更有效率，每次使用前都应将锄头磨锋利。

园艺手推车　一辆坚固的园艺手推车是搬运重物的最佳选择。有些园艺手推车有可拆卸的前板，方便倾倒搬运物。

独轮手推车　独轮手推车可以用于坡道，且便于操纵。应购买较耐用的产品。

弯头修枝剪　　　　直头修枝剪

修枝剪　一把弯头修枝剪几乎能处理所有的修剪工作。弯头修枝剪有两个弯曲的刀片，可以像剪刀一样进行剪切，一把好的修枝剪可以剪断大约 1cm 粗的树枝。直头修枝剪，一个锋利的切刃对着另一个较顿的切刃剪切，往往会挤压茎干，留下不太整洁的切口。

短柄耙　这个工具上锋利的尖头可以松土通气，对于清理杂草和植物根茎帮助很大。

泥铲　可以用结实的窄头泥铲挖较小的种植坑。用泥铲清除顽固的杂草也很方便。

如何用铲子清理场地

难度：简单

工具和材料：铲子，防水布（可选）

1 移除草坪时，将草坪切割成与铲面大小相似的一块，把铲子推到草坪层下面，然后抬起来。

2 将草坪块长草的一面做成肥堆，或者面朝下放在苗床的底部。

布置和清理场地

打造新花坛的第一步是清理地面上原有的植被。首先画出花坛周界的轮廓，对于直边的花坛，可以把绳子系在木桩上围起来。对于轮廓弯曲变化的花坛，可以使用园艺软管或园艺用石灰粉标记轮廓。

将当前栽种的植物移至花坛周界外（通常是草坪和杂草）。不要试图将杂草或草坪连根拔起，因为许多草和杂草的根系四处伸展，很快还会萌出新的植株。相反，用铁锹将草坪铲掉，把草坪块倒过来埋在新花坛中，或者堆成堆肥效果最好。如果是清除有害的杂草，比如偃麦草或狗牙根，最彻底的做法是将其扔进垃圾桶。

如果花坛很大或者杂草特别多，你可以在炎热的夏天在花坛上铺一层黑色的塑料布来闷死杂草。

使用除草剂 如果花坛布满了棘手的杂草如毒葛，挖走或想闷死它可能很困难，可以选择施用除草剂。主要成分为草甘膦的产品可以杀死难以用普通方法清除的顽固杂草。除草剂可以从叶子到根系渗透整株植物来杀死植物。注意：应严格按照除草剂标签上的说明使用，并在使用时戴好手套等防护用具。

喷洒了除草剂的植物可能需要过一周或更长时间才能死亡，而且可能需要多次喷洒才能杀死所有的植物。所有的植物都枯死后，可以将它们翻入土壤。虽然厂商的测试显示草甘膦能迅速分解为无毒物质，但如果你采用有机种植方式，那么要避免使用草甘膦，因为它可能会破坏土壤有机环境。

在使用除草剂时应保护附近植物的叶片，以防喷溅误伤。应尽量在无风的日子使用除草剂，可以用大纸板来遮挡附近的植物。如果要给现有花坛除草，可以用海绵或刷子施用除草剂。

如何翻耕清理场地，并在花坛中种植

难度：中等

工具和材料：耕作机、泥铲、植物、肥料、水、覆盖物

1 须确保场地内没有通过根茎繁殖的草类，如偃麦草或狗牙根才可以翻耕草地。因为翻耕后的土壤松软透气，给这些杂草提供了良好的生存环境。

2 等一周左右再进行移栽。在这段时间里，残根和杂草种子会发芽，清理时，尽可能不要弄乱土壤，再有序地进行移植。

3 在整个生长季节都应该用覆盖物护根，以避免杂草生长；根据需要施肥和浇水；接着，仔细观察花坛里发生的变化。不久，新花坛将长满迷人的鲜花和叶子。

建造抬高式花床

　　如果土壤类型不是很理想，也可以用高设花台打造花坛。如果土壤大量地掺杂着重黏土、含沙量太高、排水性不良、呈沼泽状、下面是坚硬的硬土层、交织着茂密的根系，或者满是岩石，那么可以考虑一下建造高设花台。

　　通过在劣质土壤上堆集优质的园土，可以避免劣质土壤条件造成的问题。高设花台也是一种满足喜酸植物所需特殊土壤条件的有效方法，无需大面积改造原生土壤。

　　打造高设花台时，可以使用你庭院内的土壤，或购买表土。不必考虑土壤来源，只需进行测试和土壤改良，使土壤条件适合你想种植的植物即可。只需把土堆至比周围区域高 20cm，然后用耙子的背面夯实土堆边缘。如果打算种植的植物需

抬高式花床也适用于果蔬园，种在这些高设花台上的植物往往更健康，产量也很高。

要较深厚的土壤，或者希望花台外观更整洁，可以用石头、砖块或景观木料把花台围起来。

挖掘前手测土壤

清理完场地后，土壤也已经准备就绪，就可以开始挖地了。在土壤太潮湿或太干燥的时候操作会破坏土壤的结构。抓一把土进行测试，如果你张开手的时候土变成了粉末状，表明土太干，应浇透水，等一天左右再进行抓土测试；如果土

首先取一把土，捏一捏。

A

不能团在一起的土壤太干，不能种植。

形成一个紧实的湿球，表示土太湿，不能挖，必须再等一天以上让土壤变干；如果土形成球状，用手指轻轻拍打很容易散开，就可以开始挖坑和改土了。

对于大多数地面来说，只需挖到20～25cm深（铁锹头的长度）就足够了。这种挖土方式可以使土壤透气，让你能移除石块和根系，还可以添加几厘米厚的有机肥料。二次挖掘指的是让坑底部土壤透气的过程，是改善较贫瘠的土壤和排水性不佳土壤的最好方法。

挖新花坛时，最好的工具是园艺铲和园艺叉。对于紧实的土壤可以使用农耕机器，比徒手耕地更高效。因为一次挖掘和二次挖掘涉及许多相同的步骤，所以将两次挖土的方法放在一起进行阐述，如下页所示。

B

捏的时候土壤团在一起，

轻轻拍打时很紧实，则土壤太湿，无法种植。

C

捏的时候土壤团在一起，

轻轻一敲就碎了，正好适合操作。

解决杂草问题

新挖的花坛看着就令人愉悦。但修整出整齐的土表的同时也翻出了无数的杂草种子。它们只需要一点阳光和水分就能发芽。如果不想在生长季节的后期花太多时间去除草，那么考虑用下面介绍的这种方法避免杂草丛生：将土壤静置一到两周，直到杂草幼苗长到大约 2.5cm 高后用耙子或锄头耙出花坛表面。小心尽量不要翻乱土壤，否则就会把更多的杂草种子带到地表。除非土壤罕见地没有杂草，否则就需要重复这个过程若干次，以根除大部分杂草。这种除草方法在春季和夏季效果最好，秋天则可能即使有种子，也不会发芽。

如何挖花坛

难度：简单

工具和材料：铲子或铁锹、防水布、肥料、土壤改良剂

1 移除草皮时，将根系切断，切割成和铁锹差不多大小的草皮块。把铲子推到草皮层下面，然后抬起草皮。

2 一次挖掘和二次挖掘都要首先在花坛的一端挖一条 60cm 宽、一铲子深的沟。将挖出的土壤移到花坛的另一端。

3 在沟底部铺上一层土壤改良剂。如果要二次挖土，用园艺叉把沟底的土壤另外再松一铲子的深度。

4 挖第二条沟时，把第二条沟挖出的土回填至第一条沟。以此类推用第一条沟的土回填最后一条沟。

第3章

园艺养护

有了良好的开端之后，随着花园日趋成熟，还要确保植物能保持健康。使植物得到充分灌溉和养分，也可以成为园艺乐趣的一部分。照料植物给了你一个增加户外活动的理由，而近距离观察植物会加深你对它的了解。

事实上，观察是植物养护中最重要的一个方面。早期发现问题比令其发展到站在远处就能看出问题更容易解决。可以每天早上和晚上一边绕着花坛漫步一边观察植物。随着你对植物越来越熟悉，就越能够预见需要做的事情，并发现即将出现的问题。

日常养护

花园需要日常的维护以保持健康、美丽和高产。随着一个花园逐渐成形，你会发现植物需要的照料越来越少，但前提是一开始的工作做得很周密。

下图：用一些有机覆盖物，比如秸秆，可以给花坛带来另一种美感，维持土壤的健康，减少你的工作时间。

下页图：随着季节更替和岁月流逝，照料花园变得越来越省时间，而且更有趣。

浇水

覆盖物有助于保持土壤中的水分，但并不能增加水分，除自然降雨之外还需额外补充水分以保持植物健康。不同地区对灌溉的频率要求不同，但在任何地区，新花坛中的幼苗都需要定期浇水才能正常生长。

经常进行检查 应每天检查植物是否需要浇水。叶片枯萎往往表示植物缺水，而叶片暗淡或卷曲是萎蔫前的症状。但是，叶片的状况也会有误导性，即使经验丰富的园丁也不易判断。例如，缺水的常见症状也可能由疾病或虫害引起。确定应何时浇水的最好方法是查看土壤状态。如果覆盖物下面的土壤摸起来感觉很干，可以往下挖 5 ～ 8cm 检查是否潮湿。如果不想干扰根系的生长，可以将一根浅色的细木棒插入土壤下 5 ～ 8cm 处，不要全部插入（咖啡店送的木制搅拌棍就是很好的湿度测试棒），一小时后把木棍拔出来，如果木棍下部几厘米没有因为潮湿而变色，那么就需要浇水。

应浇透水 浇水时要浇透。园林植物的根系可以伸展至土壤下 30 ～ 50cm 深。浇湿土壤的上部几厘米只能促进植物浅根的生长，因此需要更频繁地浇水。可以用手持式软管给较小的植株或较分散的植物充分浇水。但是，这样浇灌花坛一个小时，所能提供的水量也不会大于 100mm 的降雨量。提供足够的水浸透 30cm 以上的土壤则需要用到喷灌器或灌溉系统。

喷灌器 喷灌器效率较低，因为水会被风吹走、从倾斜或铺砌的缝隙流走，或容易喷在离植株太远而无法吸收的地方。水会浸湿叶片，而潮湿的叶子会成为疾病的温床。不过，喷灌器价格便宜，易于使用，所以很多刚开始使用的人觉得很方便。

植物需要浇多少水？

可以通过给一个区域浇水后挖掘土坑查看湿度来确定渗透率，从而计算土壤的吸收速率，但这种方法既麻烦又不精确。一般来说，2.5cm 缓慢而稳定的降雨量能在黏土中渗透约 10 ～ 13cm，在壤土中渗透 18cm，在砂壤土中渗透 30cm。所以如果想浇灌壤土至 30cm 深，需要浇略少于 5cm 的水。

为了充分利用喷灌器，要确定水的供水速度和土壤吸收水的速度。为了确定喷灌器的供水速度，可以在喷灌器到能喷灌的最远距离处，将一些空罐子排成一列，记下每个罐子里收集 2.5cm 高的水需要多长时间。你会发现水在不同的罐子里积聚的速度是不同的，说明很少有喷灌器能均匀地洒水。

高效的灌溉系统 渗水管和滴灌技术都是将水直接注到植物根部，不仅减少水分蒸发，而且让积水导致叶片病害的风险也降低了。滴灌系统比较昂贵和复杂，不过，可以参照下文安装一个简易滴灌系统。

渗水管价格实惠，安装方便，易于使用。渗水管由有排孔的塑料或透水材料构成，可以沿其管道渗水或滴水，但其供水速度要比喷灌器慢得多，所以必须查看说明书来确定渗水管输送水的速度。渗水管非常适合浇灌成排种植的植物，比如果蔬园或切花花坛。对于观赏类花坛，可以用渗水管环绕大型灌木或乔木，在较小的植物旁边可以迂回铺设渗水管。因为水在渗入土壤时不会向侧面渗透很远，所以离软管较远的植物就浇不到水。

使用一根不完全插入土壤的木棍测试土壤湿度，很容易就能确定需水量（左图）。

渗水管可以让水渗透到土壤中，而喷灌器（右图）可以将水滴喷洒到空气中和叶片上。

滴灌系统

滴灌系统通过一套塑料管、软管、导管和各种排水器组成的网状设备以低压向植物输送水。除了有在地面上可控制滴水量的排水器，滴灌系统还可以有多孔渗水管和放置在地面或离土壤表面几十厘米高的喷雾器或洒水装置。简单的滴灌系统可以连接到普通的花园软管上，并通过室外的水龙头手动进行控制，就像洒水器一样。复杂的滴灌系统包括自带的与供水主管道相连的附件，可以把土地划分为不同区域的一套阀门，以及一个电子控制系统，可以自动在预先设定的时间给每个区域灌溉。

有一定机械操作能力和基本工具的人可以规划安装一套简单的滴灌系统。可以从园艺品店、苗圃或专业供应商处购买成套工具或单独的系统组件，并委托专业人员安装。主要组件如下图。

■ 与家庭供水系统连接的滴灌系统需要在与供水系统连接处安装防回流装置（也称为防虹吸装置），以防止饮用水受到污染。

■ 应安装一个过滤器，防止矿物质和从金属水管中脱落的金属片堵塞排水器。要定期清洗过滤器。所有在过滤器和排水器之间的软管和管道都应是塑料制品，因为金属管道会有金属碎片剥落并阻塞管道系统。

■ 为了将家用水管的水压降低到排水器所需的低压，每个滴灌系统都需要有一个调压阀。

■ 为了方便，可安装计时器或电子控制器。这种装置可以设定浇水时间，不会让水流太久。利用这些仪器可以在白天或你不在家的时候进行灌溉。请记得在雨天关闭计时器。

■ 为了进一步实现园艺工作自动化，可以考虑安装肥料注入器，在定时浇水的同时为植物输送养分。

■ 水通过塑料软管从管道输送到排水器，这种塑料软管专门用于滴灌系统。安装在土表下的滴灌系统通常在管线高处有一个安全阀（如下图所示）。

■ 多种排水器和小型喷灌装置可用于不同种类的植物和花园环境。请咨询销售商，哪一种装置最能满足花园的需求。

标准滴灌系统可安装在 **10cm** 高的路基上，也可以安装在地表或覆盖物下面

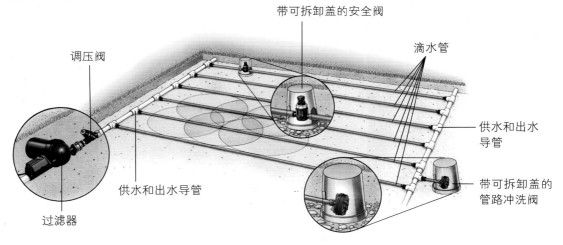

带可拆卸盖的安全阀

调压阀

滴水管

供水和出水导管

供水和出水导管

过滤器

带可拆卸盖的管路冲洗阀

施肥养护

如果按照第 2 章所探讨的内容进行整地和改土，大多数花坛中的观赏植物一开始都会长得很好。在接下来的几年里，可以通过在土表撒施几厘米腐熟的堆肥来保持土壤健康并为植物提供养分。定期更新有机覆盖物也可以维持土壤健康。

许多园丁在生长季节为给土壤增加养分，会给整个花园施肥或只给一些选定的植物施肥，如鳞茎植物、一年生植物、月季和杜鹃花。在适当的时间施加适量的肥料有助于培育强健的植株，促进其开花，并为休眠和春季再次生长做准备，这时通常可使用复合肥料或全价肥。当植物生长情况低于预期的时候，可以通过追施营养素来补救，但植物的问题各有不同，并且给不需要过多养分的植物施肥弊大于利。例如，过量的氮会以牺牲花朵和果实为代价促进叶片的生长。无论你是想促进植物健康还是让病弱的植物恢复活力，最好向专业人士咨询哪种肥料最适合你的植物，并应严格按照使用说明上的用量进行操作。

果蔬园施肥　每年春天，许多园丁都会给果蔬园重新整地。在这个过程中，可以通过增施特定的原素、添加大量的腐熟肥料或堆肥来增加和调整土壤养分。想要提高植物产量则会给全部或部分作物施追肥。这与前面所述观赏植物的施肥原理是一样的，同样也应避免过度施肥。

颗粒肥料，无论是有机的还是合成的，在观赏植物和果蔬园中都很容易量取和施用。在植物的根部撒施颗粒肥料，应注意使肥料远离茎和叶片。用手将颗粒肥料施入土壤中，接着浇水使肥料溶解。缓释肥料可以一年只在春天施用一次，对于那些随着季节的推移生长得越大、越难以靠近其周围施肥的植物来说，这种肥料尤其适合。一般来说，使用缓释肥料比使用普通肥料的成本更高，虽然这些肥料可能花费较高，但其中许多养分都有助于维持长期的土壤健康，而且能提供合成肥料中缺失的重要微量元素。

其他植物的施肥　盆栽植物需要定期施肥，盆栽土中的养分很快就会被植物吸收或在浇水时流失。盆栽植物适合施液体肥料，且需要的肥料相对较少。施缓释颗粒肥料也很方便，可以大大减少施肥次数。

幼树和灌木在长为成树前，也可以从肥料中汲取养分。不过，许多树木在不施肥的情况下也能长得很好。种植在花坛或草坪上的乔木和灌木可以摄取你给花坛里的一年生植物、多年生植物或树木周围草坪上施用的肥料。为了促进有花灌木开花，每年春天可以另外施一次平衡肥料，或施 2.5cm 厚的堆肥。

根据植物的需要施肥（左图）。图中，一名园丁在早春给芦笋的苗床施草木灰，草木灰能给植物提供钾元素。

小心加施肥料。在施用堆肥之外的肥料之前，应先了解植物对营养的需求（右图）。

日常维护性施用堆肥

充分腐熟的有机质或堆肥是极好的土壤改良剂和护根覆盖物。从庭院、花园和厨房收集的植物废弃物很容易就能做成堆肥。最简单的方法是把植物废料堆在一个自制的铁丝筐里。一张宽 120cm、长 430cm 的铁丝网可以做成直径 120cm 的铁丝筐，这是能正常使用的最小尺寸。铁丝网的每个格子边长为 4 ~ 7.5cm 就可以盛得住里面的材料。网格越小，材料不易漏出堆肥区就越干净。

把修剪下来的枝叶和厨余垃圾扔进堆肥筐中。如果要添加落叶，应首先用割草机在叶片堆上割几次，把叶片切碎。如果有家畜粪便和秸秆，也是很好的堆肥材料。堆肥中不要添加厨余垃圾里的动物骨头或肉，避免引来食肉动物；也不要添加狗和猫的粪便，因为其中可能含有会传播给人类的寄生虫或病菌；堆肥中也不要添加患病的植物废弃物或结籽的杂草，有些病原微生物在堆肥过程中不会被杀死，所以应将其烧毁或者扔掉。

根据原料和气候的不同，6 个月到 1 年的时间，铁丝筐里的大部分物质就会腐熟成易碎的深棕色物质。采集堆肥时，只需把铁丝筐搬开放在旁边就可以了。把堆肥堆上面未降解的部分重新放回铁丝筐里，开始进行下一批堆肥的制作，然后从旧堆肥堆的中央挖出腐熟好的堆肥材料来使用。可以用花园叉定期翻动堆肥来加快堆肥的腐熟速度。如果对堆肥腐熟的技巧有兴趣，可以向苗圃专业人士咨询一些更有效的方法。

①

②

③

堆肥把普通的厨房和庭院垃圾变成了宝贵的土壤改良剂和肥料。在铁丝筐底部堆放一层 15cm 的干垃圾（图①），再加入 10cm 的新鲜材料，添加少量的园土，然后再重复这些堆层步骤。大约 1 个月后，堆肥开始腐熟，如图②所示。图③显示的是已完全腐熟的堆肥，在一般情况下需要 6 个月到 1 年的时间才能完成。

制作由金属网或塑胶网（如图所示）制成的堆肥筐很容易。堆肥筐可以防止堆肥材料被吹得四散，防止动物破坏，使水分和空气可以自由流动。

根部保护

护根物是花园中很神奇的材料。只需几厘米深的有机覆盖物就可以帮助土壤保持水分，防止植物根系过热或过冷，抑制杂草生长，其分解时还能提供养分，为土壤提供有机物质，改善土壤结构。另外，覆盖物还能使花园看起来更整洁。

许多松散的有机材料都可以用作根部覆盖物，如切碎的叶子、秸秆、剪下的草、报纸、碎木片或树皮碎，以及种子或坚果壳和贝壳。你可以从自己的庭院收集树叶和剪下的草，也可以从园艺品店购买袋装或散装的其他覆盖物。碎木片（碎树皮）是理想的护根物，不显眼、容易摊开、足够重，刮风时不会被吹走，而且不会像剪下来的碎草压紧土壤。碎木片的分解也相对较慢，大约每年更新一次即可。

砾石能使植物根系保持凉爽，保持土壤水分，但不能提供有机质或营养物质。透水的景观织物在覆盖灌木边坛和其他很少需要维护的景观植物时很有用，但是这些材料很难剪断，对于不常添加或移动植物的花坛作用不大。塑料布并非普通花园的优良覆盖材料，塑料布不透水，会使植物根部过热，在几个生长季后就会风化成碎片，吹得到处都是，很难清理。

如果花坛不是播种种植，则应该在一开始植入幼苗时就铺撒覆盖物。覆盖层不要超过8cm厚，在每株植物的茎干周围空出来几厘米不要覆盖。可以在幼苗长至几厘米高后进行护根覆盖。根据气候和材料的不同，有机覆盖物可以用几个月或几年。炎热潮湿的环境往往会加速护根物的分解，而新鲜潮湿的护根物，如刚剪下的草会比干燥的草分解得更快。

将护根物从植物茎部旁拔开几厘米（左图），以避免发生根腐病。

好的护根物，如上图，包括报纸、秸秆、纸板、堆肥、秋季落叶和碎木片。

花园卫生

除了浇水、施肥和护根外，一年中还需要不时地进行其他方面的花园维护工作。

季节性护理

春天和秋天是园艺工作较忙碌的季节，冬天气候寒冷的地区尤其如此。在秋天，就要为越冬做好准备。将大多数多年生落叶植物的老叶和茎剪掉，并清除花园中的杂物。为了保护月季免受冬天的低温和干燥冷风的侵袭，要给植株覆盖松散的护根物，或在其周围搭建保护性的屏障。

春天，要清理掉冬天的覆盖物残屑，为新一轮的生长季做好准备。从返青的植物上清理掉保护性覆盖物，重新铺设覆盖物，并对花坛进行全面的整理。检查茎和叶已越冬的灌木和多年生植物，剪除死亡、患病或较弱的枝条和叶片。

如果生活在冬季气候温暖的地区，需要完成许多相同的季节性任务的同时，还需要应对一年四季不断生长的植物。

一些植物需要在生长活跃的季节进行修剪，以控制其大小或促使其茂盛的生长。应去除开败的花，促使一年生植物和一些多年生植物重新开花。下面几章植物简介将对此进行详细说明。

杂草检查

无论多么仔细地整地并在地表进行覆盖，花园仍然会生有一些杂草。在对花园定期检查的过程中就要注意杂草的清除。

在杂草只有几厘米高、根部还没有蔓延时最容易进行控制。

如果发现得早，大部分杂草都可以很轻松地用手拔除。像蒲公英这样的直根杂草可能需要借助修枝刀或泥铲拔除。在除草时应设法拔出整个根系，否则几天后又要重复除草。根系繁茂的杂草生长迅速，可能需要用锄头才能除掉，然后用护根物盖住土壤。但即使覆盖得很好，杂草也可能由碎根重新发芽。应经常检查这些区域，并不断拔除新植株，才能根除杂草。

有些杂草，如狗牙根，生命力非常顽强，只有化学药剂才能防控。

良好的花园卫生可以在生长季和冬季的几个月里防止杂物中滋生病虫害。

病虫害防治

病虫害的控制应从预防开始。在挑选植物时，就应选择能适应所在地区条件和能抗所在地区常见病虫害的植物。充分整地，保证植物有充足的水分和营养，保持花园整洁，让植物更加健康。精心照料的花园很少有昆虫繁殖和聚集的空间但仍必须保持警惕。每天在花园散步的时候，一定要密切关注虫害。与杂草控制类似，虫害在一开始最容易遏制。当你看到有少量虫害出现时不要着急，先对虫害进行监控，大自然的力量可能会帮你解决这个问题，或者把虫害保持在一个可接受的水平。如果问题变得更糟，应在采取行动之前找出罪魁祸首。例如，被啃食过的叶子可能很明显，但除非真的抓住了罪魁祸首，否则很难确定是哪种昆虫干的。如果你不确定，可以抓住你认为造成损害的昆虫，向专业人士寻求帮助，进行鉴定，并确定受灾程度和最好的处理方法。

害虫

随着人们对有毒化学物质造成的负面影响越来越担忧，害虫防治的重点也从消灭花园害虫转移到害虫防治上，将花园看作一个自然系统，在园丁的辅助下，通过自然手段来维持益虫、害虫、昆虫的良性平衡。

花园里到处都是虫子。一些虫子，如蚜虫、蛴螬、蚱蜢和红蜘蛛会危害植物，甚至能杀死植物。其他的虫子，例如瓢虫和某些黄蜂是益虫，这些益虫能消灭或阻止害虫危害植物。还有一些像毛毛虫及其羽化而来的蝴蝶等，它们虽然能带来美好视觉感受，同时也会对植物造成一些伤害。控制害虫的措施包括确定哪些害虫对植物的危害是毁灭性的（大多数植物能够承受一定程度的虫害），以及哪些控制方法对花园中益虫、美丽无害的昆虫和其他生物的危害最小。

控制方法　当你确定需要对害虫采取某种措施时，首先考虑使用毒性最小的害虫治理方法。有些虫子用手捉就可以，把它们踩扁或者扔进一罐肥皂水里。其他虫子，比如蚜虫，可以通过用花园软管喷射的水把它们从叶子上冲走。还可以设置一些屏障来保护果蔬园和花园中的植物，比如薄织物制成的棚布，可以透光、透雨和透气，还可以阻挡虫子。

毒性最小的杀虫剂包括硅藻土、家用洗涤剂、特制的杀虫皂和园艺用油。生物防治方法，针对某些虫子和虫害疾病，在花园中引入其天敌。常见生物防治方法见下文。

如果实践证明这些方法不实用或无效，可以尝试各种杀虫剂。有些杀虫剂的主要成分如苦楝和除虫菊酯，是从植物提取制造而成。有机园丁喜欢施用这些杀虫剂，它们的原料来源于植物，而且能迅速分解为无毒物质。还有一些杀虫剂是人工合成的，许多新型合成杀虫剂比旧的更环保。使用杀虫剂时，应首先确定要杀灭的害虫类型。许多杀虫剂剂型只适用于特定的植物，不宜在说明中没有列出的植物上使用。无论是有机的还是合成的，所有杀虫剂都是有毒的，应按照产品说明所述进行处理和使用，包括使用时要穿戴防护服和口罩。

通过种植如香蜂草、薄荷、蓍草或鼠尾草等植物来促进益虫生长。

用小型拱棚覆盖植物来防止虫害。用布帘覆盖棚架（如上图所示），或直接覆盖多行植物。使用土壤、岩石或地钉固定在适当的地方。

常见益虫（生物防治法）

草蜻蛉：幼虫和成虫都以蚜虫、螨虫和其他小型软体害虫为食。成虫需要取食花蜜和花粉来进行繁殖。

瓢虫：捕食性瓢虫的幼虫和成虫都以各种软体昆虫为食，应为此类瓢虫的成长提供无杀虫剂的环境。

赤眼蜂：幼虫寄生在毛毛虫体内，之后化蛹而出，如图所示。

寄生性线虫：这些微小的蠕虫状生物以蛴螬、结网毛虫和其他数百种生活在土壤中的害虫为食。

肉食性螨类：这些极小的蛛形纲动物以危害某些植物的螨虫和蓟马为食。

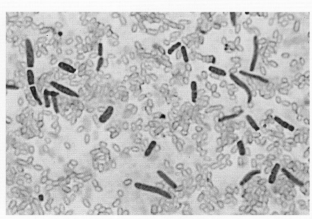

BT（苏云金芽孢杆菌）：这种细菌能杀死毛毛虫，对人类无害（可用于所有粮食作物）。

有害动物

有些庭院主会有意吸引各种动物来他们的庭院，还有一些人则努力阻止动物进入院中。无论你喜欢还是厌恶，土拨鼠、兔子、松鼠、花栗鼠、田鼠、鼹鼠和其他一些动物都会极大地损害庭院植物，包括植物地下根茎部分。没有能够彻底驱赶上述动物的产品，特别是当它们饥饿难耐时更难阻挡。目前最有效的防治有害动物的方法是设置栅栏和诱捕器，高度为50cm、木桩间隔10～15cm串在一起的电围栏就可以阻止地面上的小型动物进入庭院中。

为阻止穴居类动物的活动，可以挖一条30cm深（若要阻止地鼠，则应为60cm深）、15cm宽的沟，安装一张铁丝网，从沟底部一直延伸至地上60～90cm。在沟里填土并在围栏的顶部另外留出30cm的铁丝网不要固定在木杆上，将这段围栏向外翻出来可以阻止小型攀爬类动物爬进庭院。也可用诱捕器捕获后到远一点的地方放生。

安全可靠的动物围栏

伸到地下的围栏可以把掘地类动物挡在庭院之外，而顶部向外翻的围栏也能阻止攀爬动物的活动。铁丝网围栏的高度至少应距地面约60cm高。

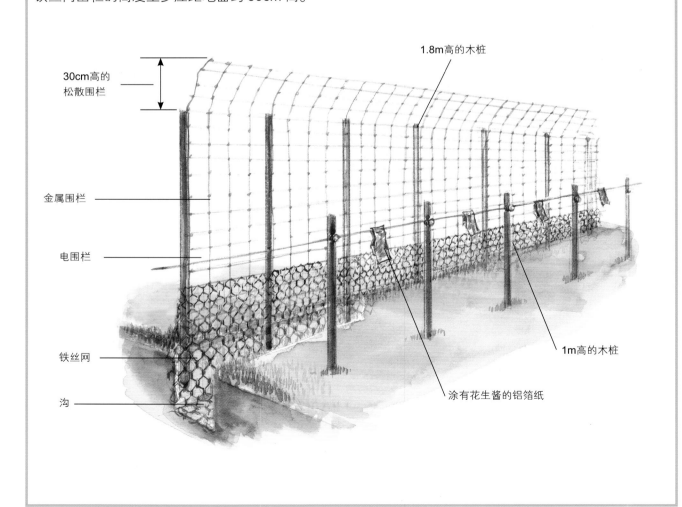

30cm高的松散围栏

1.8m高的木桩

金属围栏

电围栏

铁丝网

沟

1m高的木桩

涂有花生酱的铝箔纸

植物病害

细菌、真菌和病毒会损害叶和花，使其褪色，产生粉状的薄膜或霉变的斑点，并使植物的茎和根腐烂。确认植物沾染的病害究竟是细菌、真菌还是病毒性的疾病有助于对症下药。除了各种病害，其他问题包括虫害、缺水、空气污染、缺乏营养以及光照过多或不足，都会导致植物表现出一些不健康的症状。此外，虽然白粉病等病害有其特有的标志或症状，但许多其他病害也会有类似的病症，让人难以辨别。当你对某种病害不是很确定时，可以把植物病变样本拿给专业人士咨询。

植物病害很难医治，所以最好在一开始就尽量避免病害的发生。一年生植物可以采取轮作的耕作方式，使这些病害无法在土壤中滋生。还应当寻找抗病品种植株，精心管理花木，让植物在肥沃的土壤里生长，充分灌溉，保障营养充足，这样就能减少植物受到疾病的侵害概率，使其对许多疾病的耐受性增强。种植区空气不流通会滋生真菌性病害，应按照合理的间距种植并疏苗。应定期监测植物的健康情况，有病害发生时，应将植物的患病部分切除，或拔除整个植株，患病部分应移除并丢弃，不要用来堆肥。剪切植物的病变组织后，要用酒精消毒修枝剪，避免病害扩散。

使用遮盖物

在施用植物、生物、矿物或合成材料制成的杀虫剂和除草剂时，需要采取一些基本的防护措施。应仔细阅读产品说明书，使用这些产品时要尤为当心。如果衣服上沾了农药，应立即脱掉衣服并冲洗淋浴，再换上干净的衣服。以下是一些基本的防护装备。

- 质地紧密的（纯棉）长袖衬衫、长裤和短袜。请勿让皮肤裸露在外！
- 防水、无衬里手套
- 防水鞋袜
- 帽子、围巾或头巾，完全盖住头皮，只露出面部
- 护目镜
- 专业防护农药粉尘的一次性防尘口罩
- 喷洒液体喷雾时佩戴的密合型呼吸器
  呼吸器内有活性炭盒，可以过滤空气中的农药挥发物。应确保所使用的呼吸器是经国家认证批准的产品

　　注意：务必要用大量的清水冲洗防水的防护装备和农药喷洒器，然后脱掉防护服。请勿触摸被污染衣物的外部（必要时请使用手套），如果不能立即清洗，应将衣物放入密封塑料袋中。这些衣服应与普通衣物分开洗涤。将其浸泡在洗涤剂中，然后用热水加洗涤剂清洗一遍。如衣物在清洗后仍有残留的农药气味，应重复清洗直至气味消失，再把湿衣服通风晾干，最后用洗涤剂把洗衣机清洗一遍。如果觉得麻烦，可直接把被污染的衣服丢弃。

应保护双手免受化学物质或有毒物质的意外飞溅。耐用的橡胶手套（不仅可以作为家用手套）在保护双手的同时，还具有必要的灵活性。袖管紧贴手腕并且长度覆盖前臂的手套可提供最佳防护。

常见病虫害

日本金龟子是一种害虫。从仲夏开始，成虫很快就会把许多观赏植物和蔬菜的叶子啃食至仅剩叶脉。可以通过人工捉拣成虫并放入肥皂水瓶中进行治理。针对这种虫子，信息素诱捕器效果不显著。

日本金龟子幼虫会啃食许多种植物的根，但它更喜欢吃草的根系。一两年之后，它就会化蛹。成虫在仲夏出现，可以用有益的寄生性线虫防治日本金龟子幼虫。

毛虫，是蛾和蝴蝶的幼虫，以白菜、月季等植物为食。如果它变成漂亮的蝴蝶和飞蛾，你可能不想杀死它们。但对于像舞毒蛾幼虫这样的害虫，可以在毛虫很小的时候使用BT（苏云金芽孢杆菌）将其消灭。

叶蝉通过吸食植物细胞汁液传播疾病，受感染的植株通常会变形。可以通过在植物上使用小型拱棚或小面积使用铝箔覆盖物避免叶蝉的危害，也可以在叶片上撒硅藻土（可以从园艺品店或肥料商店买到），并在雨后重新撒施。

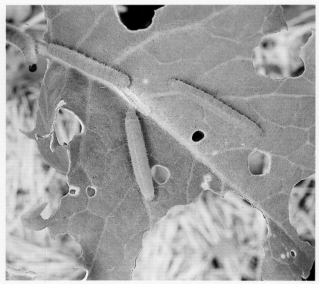

甘蓝夜蛾幼虫以卷心菜为食。可以用小型拱棚保护植物免受危害。可以用手摘掉毛虫，放进肥皂水瓶里来防治。如果虫害严重，可以在幼虫很小的时候，给植物喷洒BT防治虫害。

植食性瓢虫及其幼虫能把大多数地区的豆苗叶片啃食只剩叶脉。成虫在豆类植物叶片的下面产成串的黄色卵。幼虫和成虫可从叶子的下面啃食。此类瓢虫数量增长得非常快，危害也非常严重。可以使用小型拱棚来防治，但要每天进行监控。如果有虫子出现，就挑出成虫，并将幼虫和虫卵压碎，操作时可戴上手套。可以用硅藻土撒施于叶片。严重感染时，可以在上面喷加水稀释过的苦楝油（后称苦楝油）。

蓟马太小，用肉眼难以发现，不过，有时你能看到它们很小的黑色排泄物。这种害虫从叶子、果实和花朵中吸取细胞汁液，受害的叶子看起来呈银白色或变白后枯萎，果实长满疥斑或呈锈色。一些种类的蓟马能传播斑萎病毒。可以在冬末给果树喷洒休眠油，以此减轻虫害。看到有虫害迹象时，就应给植物施撒硅藻土。肉食性螨虫可以控制蓟马，对果树来说值得一试。也可以喷洒杀虫肥皂水，万不得已时，可以喷施苦楝油。

冠瘿病会危害许多不同的植物。如靠近厕所污水管生长的植物根或茎覆盖着粗糙、异常的组织，应把整株植物，包括根系都处理干净。

蛞蝓和蜗牛生活在潮湿的环境。它们在植物叶子和花朵上留下参差不齐的小洞和黏糊糊的痕迹。可在花园里放置一些木板，在清晨捕捉它们。

常见病虫害

细菌性叶斑病会危害许多植物，但许多病害都能使叶片形成斑点，因此很难诊断植物是否感染了叶斑病。应采用良好的栽培技术预防病害的发生。过量的氮素水平会使植物变得易感染这种病。一出现病害迹象，就应将感染的叶子摘掉并丢弃。果树花蕾开放时，应施用铜离子喷雾剂，直到气温达到29℃。应把落叶耙在一起销毁。

红蜘蛛是一种常见的害虫。它的个头很小，很难发现，但可以看到红蜘蛛结的网。所有种类的红蜘蛛都会吸食细胞汁液，使植物变得像纸一样薄。如果发现了红蜘蛛，应在每天早晨用水喷洒植物，还可以放一些肉食性螨虫。万不得已时，可以使用杀虫肥皂水喷雾。

白粉病会在叶子表面形成白色斑块。与大多数真菌相比，白粉病菌几乎不需要水分就能萌发和生长。这种病害在很多地区都可能大量发生，往往在生长季中期后感染老叶或受环境胁迫的植物。白粉病很少杀死植物，但会使植物变弱，看起来不美观。土壤养分合理和适当的种植间距都有助于防止这种病害的发生。可以从生长季中期开始使用发酵粉喷剂，也可以在染病初期施用园艺油喷剂。每7～10天重复喷洒一次，直到秋天为止。

花叶病毒在各个地区都很常见，可以危害从蔬菜到月季的所有植物。染病后叶子会出现浅绿色、黄色或白色区域，使其看起来像是斑驳的"马赛克"。感染这种病的植物常发育不良。西红柿果实可能会产生黄色斑块或成熟不均匀。不同类型的病毒很容易杂交，有些受杂交病毒影响的品种会形成细如鞋带的叶子或卷曲的叶片。现在针对这种病没有很好的防治方法。可以通过控制传播花叶病毒的昆虫（蚜虫和叶蝉）来预防花叶病毒。应尽可能选择抗病品种，尽早移除花园里染病的植株。

枯萎病的症状包括植物萎蔫、发黄到最终死亡。应选择抗病品种，并只在排水良好的土壤里种植。还应在秋天除去植物患病部分，并进行轮作。

玉米穗虫（棉铃虫）分布广泛。应选择外皮紧密的玉米品种，以防止玉米穗虫进入。应在幼虫较小时从外衣尖端将其挖出。

灰霉病会危害潮湿环境中的植物。通过保持适当的种植间距和良好的空气流通，可以防止这种病害的发生。应将植物种植在排水良好的土壤中并小心浇水。一发现有感染的植株，应及时剪掉，并扔进垃圾堆。

雪松－苹果锈病是许多锈病中的一种。许多锈病都有两个交替的植物寄主。锈病可在植物上形成虫瘿，或在树叶、果实上出现锈色斑点。种植时应选择抗病品种，如患病应去除并烧毁虫瘿，把所有感染的叶子收起来销毁。

蚜虫分布广泛，会吸食细胞汁液，并传播疾病，常使植物扭曲变形。许多益虫可以捕食蚜虫，包括瓢虫、草蜻蛉和黄蜂。应为益虫种植小型花卉提供适宜生存环境来达到抑制蚜虫的目的，当虫害严重时，可以喷杀虫肥皂水。迫不得已时，可以使用除虫菊酯。

黑斑病菌只危害月季，主要分布在潮湿地区。应把患病的叶子摘下来扔进垃圾桶。种植时应选择抗病的月季品种。在生长季末期，把旧的护根物和树叶耙起来，铺上堆肥，然后用新的护根物重新进行覆盖。小苏打通常可以控制这种病菌，迫不得已时可以使用硫黄喷雾剂。

第4章

一年生植物和多年生植物

提起花园时，大多数人想到的是一年生和多年生草本植物。这两大类植物包含着五颜六色的花卉和美观的观叶植物。不管你的园艺工作场地是简单的窗台花盆箱还是宽广的后院花园，都需要对一年生植物和多年生植物作基本了解。

这个花坛前排生长的一年生植物在花期绽放，无论哪种植物开花，都能为花坛增添色彩。

一年生植物和多年生植物组合种植，在这个漂亮的花园里形成了能持续整个生长季的开花景观，见下页图。

什么是一年生植物和多年生植物

严格来说，一年生植物是只能存活一个生长季的植物，它们在整个生长季中开花、结籽，然后死亡。多年生植物是在结籽后不会死亡的植物，它们年复一年地生长，除非被干旱、高温或其他不利因素杀死。有些多年生植物一年四季保持常绿，特别是在冬天气候温和的地方。其他的多年生植物会进入休眠期，茎叶变成棕色或完全枯萎，但根系继续生长，并在来年萌出新芽。

一年生植物和多年生植物之间的区别并不是很明显，因为许多被当作一年生的植物在无霜冻环境下实际上是多年生植物，这类植物通常与一年生植物或花坛植物归为一类。在冬季气候温暖的地区，可以全年在户外种植这类植物；而在冬季气候寒冷的地区，可以通过逐年将其带到室内的方法帮助它们过冬，并精心养护。

一些园林植物是二年生植物，即在第一个生长季只长叶子，不开花也不结籽。第二年，这些植物开花、结籽然后死亡。毛地黄和蜀葵是常见的二年生植物。

一年生植物能开出大量的花，通常在生长季花期会持续很长一段时间。多年生植物也会开出美丽的花朵，但通常花期持续较短，使其有时间储存能量，为每年的返青做准备。

一年生植物种在花园里开花很快，但需要在第二年重新种植。尽管一些多年生植物在第一个生长季就能开花，但大多数多年生植物要生长 2～3 年才能成熟并开花，这类植物通常能活很多年。一个着手培养花坛的好方法是在多年生植物中分散种植一些一年生植物，随着花园变大，园艺兴趣渐长，可以加入更多的多年生植物。

选择有漂亮叶子的植物来衬托花卉。

植物的选择

一年生植物和多年生植物的花朵类型丰富，但在花园中主要的颜色仍是各种绿色、灰色和其他色调的叶片。当你决定将哪些植物种在空间有限的宝贵花园中时，对于开花时间很短的多年生植物，其叶片则是一个重要的考虑因素。应将其叶片作为花卉的背景或将其本身作为焦点来选择植物。

除了植物的外观，还要考虑它的生长条件。适应所在地区气候的植物通常只需日常照料就能茁壮生长。选择一年生植物时，植物的抗寒性并不重要，不过，有些一年生植物在秋冬季温暖的地区生长得更好。然而，对于多年生植物，其耐寒性相当重要。植物必须能够在所在地区的最低温度下生存。可在专业人士提供的帮助下，确定植物能否很好地适应所在的地区。

打造切花花园

种花的乐趣之一就是剪下漂亮的花，摆放在室内。当然，如果不想毁掉户外景色，可以设计一个切花花园。

切花花园不需要"精心设计"。总的来说，将较高的植物按行种植在北面，这样就不会遮挡较矮植物的阳光。如果有空间，应至少种植一种月季，香水月季、蔓生月季或灌木型月季。以切花为目的种植的大多数一年生和多年生植物，在采摘后会旺盛生长，剪得越多，开得越多。事实上有些植物，比如大波斯菊，如果不把花剪掉就不会再开花。随附的"切花花园植物"中列出了一些容易种植的一年生植物和多年生植物，这些植物能生长出漂亮的花朵。

切花花园通常宜设计为直行线路，方便快速高效地进行日常的照料和收割。

切花花园植物

一年生植物

藿香（高大的栽培种）	三色堇
金盏花（金盏菊）	雪莉罂粟
鸡冠花	金鱼草
翠菊	勿忘我
石竹	紫罗兰
大波斯菊	香豌豆花
黑心金光菊	美洲石竹
飞燕草	百日草

多年生植物

蒿	常夏石竹
满天星	小白菊
桔梗	兰刺头
桃叶风铃草	秋牡丹
黑眼菊	青兰
红花山桃草	紫松果菊
珊瑚钟	西洋蓍草

春夏开花鳞茎植物

马蹄莲	葡萄风信子
克美莲	百合花
香鸢尾属植物	铃兰
水仙花	毛茛
大丽花	晚香玉
剑兰	郁金香

漂亮的植物组合

在花园中混种植物需要想象力、技巧和一点勇气。看看别人的花园，找出你喜欢的和不喜欢的植物组合。选择不同高度、形状、质地和颜色的植物，规划出和谐或互补的配色方案。应注意每种植物开花的时间，这样就会知道整个生长季花园是什么样子了。在没有多年生植物开花的时候，具有特殊纹理或颜色的观叶植物可以随着季节变换给花园带来不同的景色。精心挑选的一年生植物也会给整个生长季的花园增添色彩。将至少三种相同的植物组合在一起，分在一组的植物或植株可以在大范围内重复种植。花园的景象会随着时间的变化而不断变化。无论你多么喜欢最初的计划，你一定会随着时间的推移而增添其他的植物。

颜色和形态的变化给这个东南朝向的花园带来了乐趣。

一丛丛筋骨草和杜鹃花照亮了阴暗的角落。

村舍花园以其植物的多样性而闻名。

这个花园和谐的色彩使人感到平静详和。

容器园艺

许多一年生植物和脆弱的多年生植物非常适合在容器中栽培。植物种在花盆里、窗台上的花箱里，甚至是一双旧靴子里，就可以点缀屋内或院子中的任何区域。虽然耐寒的多年生植物、灌木甚至树木都可以在容器中栽培，但是需要特别小心地维护才能保持其健康生长。如果你对这种容器园艺感兴趣，可以向当地的园艺店咨询具体实施办法。

园艺店有各式各样的一年生植物和娇弱的多年生植物，都可以在容器中培育。可以从三色堇、矮牵牛花、金鱼草、鸡冠花、半边莲、天竺葵、雏菊、龙血树和银叶菊等品种中进行选择。可以买一些特别的容器，或者用喜欢的罐子，但需确保底部有排水孔；如果没有，可以在底部钻几个直径为1cm的洞。

分组种植的盆栽植物美观而多样，如上图。

容器花园和其他花园一样需要多样性，如左图，应选择形状、质地和颜色互补的植物。

盆栽土质地应适度松散，有良好的保水性和排水性。虽然可以自己配制盆栽土，但往往购买的袋装盆栽土效果更好。大多数盆栽土都适合一年生植物和娇弱的多年生植物。

可以在一个花盆里种植一株或多株植物，不要害怕把多株植物挤在一个花盆里，植株密集的花盆比稀疏的花盆看起来更美观，如果浇水和施肥得当，一般盆栽植物在密集的花盆里生长得都很好。好的容器植物组合可以使不同的颜色、纹理和高度的植物相结合，就像尺寸小一些的花园一样。

种植容器 首先润湿土壤混合物，可以按推荐的用量添加一些缓释肥料。在排水孔上放置一层粗旧布料，并将土壤填充至距盆边5～8cm处，按从中心向外的顺序将植物种植在土中。应尽量保持每个植物根球完好无损，但要把缠绕在周围的根系解开。根球的顶部应该在花盆边缘以下1～2.5cm。植物放置好后，在周围填入盆栽土，最后给花盆浇透水。

容器园艺的养护 盆栽植物需要时刻的关心和照料，但不需要大量的劳动。如果勤浇水，肥沃的盆栽土中的植物通常会生长得很好。应每天检查土的湿度，尤其是在炎热、微风习习的夏季，花盆中的土壤，特别是用赤土陶制成的花盆中的土壤会很快变干，可能一天需要浇几次水。为这些容器设计的软管滴灌系统可以节省时间，挽救植物的生命，特别是在炎热的天气里你要离开家几天的情况下尤其需要。

市售的盆栽混合土通常鲜有营养素，所以必须从一开始就施肥。肥料的种类、用量和使用频率取决于植物、容器和种植条件。一般来说，按照肥料包装上的建议剂量使用较为安全，如果不确定，可以询问专业人士。

开始种植

可以播种种植一年生和多年生植物，或者从园艺品店购买植株。虽然播种比购买植株价格便宜，但需要更多的时间和精力去维护。许多杂交多年生植物必须采用种植植株的方式培育，因为播种的土壤和种植环境可能没有其生长所需的条件。这类植物通常通过分株或扦插进行商业生产，分株的操作很简单，将在本章后面讨论。

有些一年生植物和一些多年生植物有时可以直接播种在要种植的地方，而且直接播种效果最好。种子包装袋上有关于种植的说明，一般包括何时种植、种植的深度以及发芽的时间。

如何直接播种

难度：简单

工具和材料：耙子、洒水器、种子、沙子、小型拱棚材料（粗麻布或稻草）、剪刀

1 按照第 2 章所述进行整土。耙平土壤，如果要在某个区域种满植物，则把种子均匀地撒在表面即可。如果只需种一株植物，在一个点种下三五粒种子，在第一片真叶展开后间苗，只留最健壮的一株幼苗。种植一组植物时，每一种想要的植物播两三粒种子，必要时进行间苗。

2 在撒播很小的种子，比如香雪球或虞美人种子时，可以将种子加少许干沙子混合，有助于撒得更均匀。有些种子需要光照才能发芽的则不必盖土（包装袋上会注明）。如果包装袋说明建议盖土，可以用一层细土覆盖较大的种子，然后浇透水。

3 播种成功的关键是在发芽前保持种子湿润。可能需要每天检查几次，并在必要时浇水。浇水时动作应轻柔，这样就不会将种子冲走。为了保水，可以在播种区域铺上一层薄薄的稻草、搭建小型拱棚或覆盖粗麻布，并在上面浇水。在幼苗发芽后，除去粗麻布或棚布。

4 当植物长到几厘米高后，间苗至合适的间距。间苗时小心地剪掉不想要的植株，拔苗或挖苗可能会干扰其他植株的根系。要定期浇水，即使植物耐旱也要浇水，直到植物成熟健壮为止。对于多年生植物，可能需要在整个第一个生长季中都补充水分。

可以直接播种的花卉

矢车菊	一年生羽扇豆	旱金莲	向日葵
天人菊	金盏花	雪莉罂粟	香雪球
大波斯菊	墨西哥向日葵	紫罗兰	香豌豆
飞燕草	牵牛花	麦秆菊	百日菊

开始种植夏花球茎植物和块茎植物

百合花、大丽花、剑兰、美人蕉，以及类似的鳞茎和块茎植物可以直接种植在花园中，也可以先种在室内花盆中以便将来进行移植（参见第6章）。在冬季寒冷的地区，剑兰和大丽花等夏季开花的柔弱鳞茎植物适合在每年春天种植，而百合花适合在春天或秋天种植。

霜冻的危机过去后，就可以在花园里种植鳞茎或块茎植物了。一定要将其种在规定的深度，当这些植物在地下萌芽时，要保持土壤湿润。你想要多少株植物就种多少个鳞茎和块茎。

为了开花季的繁荣景象，可以在最后一次霜冻前几周在室内种植鳞茎或块茎。应种植在10cm深的花盆里，每一个鳞茎或块茎种一个花盆。始终保持盆栽土湿润。当长出幼苗或叶子时，把花盆放在温暖明亮的窗户边或下文所述的灯光下。在植物生长的过程中应定期浇水和施肥，在霜冻的危机过去之后，可小心地将植株移植到花坛或展示用的容器中。

如何在容器中直接播种
难度：中等

室外直接播种存在的风险更大。突然的寒潮、暴雨或干热风，都会减小发芽概率或摧毁幼小的植株。但在室内播种就可以避免这些问题。应检查种子的包装说明，确定播种的时间。

1 将种子种在装有潮湿土壤混合物的容器中。把种子抖在一张纸上，用铅笔尖将其适当分隔开。根据种子的大小，可以在每个10cm深的花盆里播4～12粒种子。在土地中，种子之间可以间隔2.5cm。除非包装袋上写着种子需要光照才能发芽，否则，需要用土壤覆盖种子。用家用喷雾瓶轻轻地喷湿播下的种子，把花盆放在屋子里温暖的地方，避免阳光直射。可以用购买的土壤加热垫使土壤保持温暖。

2 通过喷洒水雾并用塑料圆顶覆盖或用塑料袋包裹容器，可以保持土壤湿润，用小木棍支撑，防止袋子垂到土壤上。种子发芽后，去除塑料覆盖物，逐渐将容器暴露在阳光下。有条件的话，可以将植物放在灯具下，灯管吊在幼苗上方几厘米的地方，每天照射12～16个小时。将幼苗放在阳光充足的窗台上，既有光照也能提供热量，但要确保幼苗不会被烤干。

3 可以使用带有吸水垫的培育装置或将容器放置在装满水的浅盘里，从容器底部浇水，直到土壤混合物的上表面有水润光泽为止。从底部浇水可以最大限度地减少真菌病害，并促使植物向深层扎根。每周给幼苗施一两次水溶性肥料，肥料稀释为平常比例的一半。如果植物在荧光灯下生长，应保持灯管高于最上面的叶片约5cm。如果幼苗在窗台生长，要经常转动容器，保证植物每一侧都光照均匀，以保持植物茎笔直生长。

在冬季气候寒冷地区，需要在秋天挖出柔嫩的鳞茎和块茎，储存在室内（可参见"常见一年生和多年生草本植物一览"相关条目）。春天把这些植物定植在花坛中时，要确保其摆放在合适的位置，这样秋天挖掘它们时就不会影响到周围的植物。当然也可直接将柔嫩的鳞茎植物种在单独的花坛或者切花花园中，可以每年重新种植。

在这个花圃中，夏季盛开的粉红色和红色的大丽花衬托着紫色的矮牵牛花和白紫相间的鼠尾草（右图）。

工具和材料：播种容器、土壤混合物、喷雾器、土壤加热垫（可选）、小木棍、塑料袋、荧光灯固定装置（可选）、水溶性肥料、花盆、铅笔

4 当植物长出第2株茎叶后，应将其移植到单独的容器中。可以将植物幼苗移植到育苗盘中，长得较快的植物可以用10cm深的花盆。用新鲜湿润的盆栽土装填小格子或花盆。轻轻地拿着幼苗子叶，用削尖的铅笔把根从花盆里挖出来，注意不要弄乱根和附着的土壤；或者轻轻地把所有的植物都拔出来，小心地把紧密生长的植物根系分开。

5 用铅笔在容器里的土壤上戳一个洞，握住幼苗的根球或叶片，把它们放入洞里，并在周围填土，埋好根系。将较大的幼苗"悬"在洞中间，同时将湿润的盆栽土填装在根部周围，轻柔地铺平，但不要把土压紧，因为幼苗的根需要充足的水分和氧气。再将格子种植袋或单独的花盆放在灯下或窗台上，浇水和施肥步骤与之前相同。每天将置于窗台上的花盆转四分之一圈，以保持茎部直立生长。

6 当幼苗长到足够大可以种在花园里时，就需要对幼苗进行"强化"训练，使之适应户外的环境条件。最初应有每天几个小时把植物放在室外不直接受风吹日晒的地方，一周后，逐渐增加植物暴露在阳光和风中的时间。如果没有霜冻的危险，就可以将植物留在室外过夜了。等霜冻的危机完全过去后，再移植娇嫩的植物。耐寒的植物幼苗通常能忍受轻度霜冻，但会因此而发育不良。

移栽至户外

只要遵循一些原则，将植物移植到花园的过程其实很简单。务必要遵循专业人士的建议，根据植株成熟时的大小间隔种植。可以在生长缓慢的多年生植物的第一二个生长季中把一年生植物种在其间。应确保一年生植物比多年生植物的生长时间短，这样就不会阻碍多年生植物的生长。水分对新移栽的植物至关重要，如果所在地区降雨量少，则应在整个生长季里每周提供足够的水，即使是耐旱植物直到长成前也应如此。应在植物周围搭建保护棚以保持水分，应使保护棚远离茎部以避免病害的发生。

夏季移栽至户外会对幼苗造成伤害。可以用遮光物进行覆盖，或者搭建一个临时的育苗室。

如何进行移植
难度：简单

工具和材料：泥铲或铁锹、水

1 如果要将植物移栽到新的花坛，应按照第2章步骤进行整土；如果要移植到一个旧的花坛中，应用堆肥改良要种新植物的土壤并给这片地浇水后排干。先用铲子或铁锹在花坛上挖一个比植株根球宽几厘米的洞，深度不要太深，然后将植株从花盆中移出。

2 轻轻地将植株从花盆中脱出，尽可能保持根球完好无损，也不要拉扯茎部。把手指从两边塞入花盆，再把花盆倒置，用另一只手或铲子轻敲花盆，让土壤松开根球。如果几株植物的花盆是整体的，可以挤压花盆的底部，然后从底部向外推，将根球从中脱出来。

3 轻轻松开根球底部和下面密集的根系，并打开包着根球的保护层。把植物放进坑里，夯实周围的土壤，浇透水。对于较大的植株，应把植物放在坑里，用土壤填至坑的一半，然后浇水浸透根球，并排干，最后把余下的土壤填进坑中，围着茎轻轻夯实，再浇透水。

多年生植物的繁殖

除了直接播种，还有很多方法可以繁殖多年生植物，其中最简单的方法是分生繁殖。

许多多年生植物能在基部形成密集的茎，称为冠。随着茎的数量每年不断增加，植株的直径也在增加。可以将冠部和附着的根与地面上部分开，从而自一株植物中分离成两株或更多的新植株。有些植物，如黄花菜、玉簪花和鸢尾的根和茎很粗壮，看到根球时，很容易当作是几种各自不同的植株；其他植物，如蓍草、紫菀和沙斯塔雏菊的根和茎较细，有点像一大团分不开的植株。虽然如此，分根后这些植物都会形成新的植株。虽然较小的植物也可以分生繁殖，不过，如果把成熟的植株分成几个大小合适的植株，就能更快地打造出漂亮的景观。

应在早春或早秋给多年生植物分根。在冬季气候寒冷的地区，春季分根使植物有一个完整的生长季可以生根。在冬季气候温和的地区，秋季分根给植物留出几个月的温和天气可以生根，也避免了使分出的植株遭受炎热而干燥的夏季天气的危害。在给植物分根之前，首先要给移栽分生植株的地方整地。

分生繁殖不仅仅是用来繁殖植物的手段，有些多年生植物长得太大后就会变得不健康，而分生繁殖可以使这些植物恢复活力。

如何给多年生植物分根

难度：中等

工具和材料：剪刀、园艺叉或铁锹、刀、铲子、覆盖物

1 给植物分根的前一天浇透水，使土壤更容易挖掘。可以把叶片剪短至 15～25cm，分根时更易于操作。

2 用园艺叉或铁锹把整株植物挖出来，尽可能地使根系保持完整。可以绕着植物挖一圈，这样会更容易挖出植物。

3 用手、用刀或用两把叉子把根分开。把植株分开，使每一部分都有茎或可以生长的一部分根系。

4 尽快将分开的植株种下，将冠部置于先前生长时的深度。浇透水用土覆盖好根部，并在必要时施肥。

常见一年生和多年生草本植物一览

以下是一些常见的、易于种植的一年生植物和多年生植物的基本介绍。

一年生植物

金盏花 (Calendula officinalis)

金盏花的栽培品种类似雏菊，花朵有单瓣和双瓣，呈乳白色、黄色或橙色。

这种花能长到 30 ~ 60cm 高。是优良的切花植物，可以种在花坛、切花花园或大型容器中。金盏花是一年生植物，需要充足的阳光，耐寒，不会受轻微的霜冻影响。金盏花在温和的气候中整个冬天都会开花。早春，在户外（或室内的花盆里）播下种子后再移植到花园中。

金盏花

美人蕉 (Canna hybrids)

这种热带植物长着大而醒目的花朵，花朵呈深红色、粉红色、青铜色或黄色，坚韧的茎上长着大大的、引人注目的（有时是彩色的）叶片。美人蕉高可达 1.5m，在多年生植物边坛里大丛大丛地种植，很有吸引力，也可以单棵种植。矮生性品种 60 ~ 90cm 高，在大型容器里种植会成为焦点景观。应种在完全或部分日照、排水良好但潮湿的土壤中，在温暖的气候中可以作为多年生植物种植，当蕉丛变得太稠密时，可将根状茎分根。在气候较冷的地区，美人蕉作为一年生植物，在春天土壤变暖时种下根状茎（或在室内花盆中种植）。在秋季第一次严重的霜

美人蕉

冻后将根状茎挖出来，晾干燥后，放在干燥的泥炭苔盒中储存过冬。

彩叶草 (Solenostemon scutellarioides, formerly Coleus x hybridus)

彩叶草因其多彩且长有斑纹的叶片而备受人喜爱，叶片锯齿状，有褶皱，杂合了红色、月季色、粉色、青铜色、黄色、奶油色、石灰色和绿色。这种植物适合种在背阴的地方，可以长 25 ~ 46cm 高，能伸展与高度相等的宽度。与其他背阴的植物混合种植在花圃的边坛中，效果特别好。其实彩叶草也会开花，但花茎很不起眼，最好剪掉，以免破坏植株整洁的外观。彩叶草不耐旱，种植在排水性和保水性良好的土壤中生长得最好。过量施肥可能会导致颜色不那么鲜艳，所以应在生长季初始时一次性施用堆肥或缓释性肥。如果直接播种，不要在种子上覆土，彩叶草种子需要光照才能发芽。购买已经育好的植物更简单。

大波斯菊 (Cosmos sulphureus, C. bipinnatus)

大波斯菊是乡间花园的代名词，大波斯菊植株直立、飘逸，开着单一但美丽的单瓣或半重瓣花。从 30cm 高的矮生品种到 150cm 或更高的栽培品种应有尽有。较高的品种种在花坛的后面，增添一种花边效果，看起来就像漂浮在花丛中一样；较矮的品种很适合镶边。大波斯菊需要充足的阳光，一般在晚春或初夏时在户外播种。大波斯菊很容易自然生长，在晚春时节可能在花园的某个地方突然冒出来。尽管它们的幼苗很不易移植，但如果在移植时保留所有的根系并给植物彻底浇水，也可以移栽。有一种多年生大波斯菊，因其深栗色、巧克力味的花朵而被称为巧克力波斯菊，它能长到大约 90cm 高但不太耐寒。

彩叶草　　大波斯菊

大丽花 (*Dahlia* hybrids)

一直以来，大丽花都是受人喜爱的花坛植物和切花植物。大丽花经过几个世纪的杂交，有了各种大小和形状的花朵和除了蓝色之外的各种颜色。植株高30～180cm不等。较矮小的品种可以作为彩色的花坛镶边，种在容器里可以使整个天井或平台熠熠生辉。较高大的品种种在花坛的后面效果很好，或者也可以单独种在一个花坛中。大丽花可以从仲夏开花一直到霜冻期才枯萎，需要充足的阳光和排水性良好的肥沃土壤。可以通过播种种植大丽花，矮生品种大多直接播种，播种种植的植物通常在第一个夏天开花。大丽花也可以用块茎进行繁殖，在霜冻的天气过去后，以深度10cm、株距20cm为标准种植。高大的品种需要支撑物，种植的时候要在旁边竖起木桩，随着植物生长用细布条把植株绑在木桩上。应掐掉矮生品种的茎尖，这样可以最大限度地促进开花。适当浇水，如果降水少，每周应浇增加浇水量。大丽花可以在-6℃以上的室外越冬。不过，即使是在冬季气候温和的地区，大多数人也会在叶片被严寒冻坏后把块茎挖出来。挖之前，在离地几厘米处剪断茎秆。每一丛大丽花会有几个块茎附在茎上，不要把块茎弄下来，去除土壤，让块茎干燥几天。将块茎和茎秆储存在阴凉干燥的地方，覆盖干沙、锯末或泥煤苔。在春季种植前几周，从茎上切下块茎，确保每个块茎都有一个叶芽或"眼"（在块茎与茎的连接处下方可见），丢弃枯萎或未能充分发育的块茎。

勋章菊 (*Gazania rigens*)

即使在最热、最干燥的花园中也能看到勋章菊，亮绿色、银绿色或夹杂着金色的叶片中开出黄色、橙色、红色或五彩的雏菊状花朵。勋章菊株高可以长到30cm，可以作花坛的饰边或填充植物，在气候温暖的地区作为地被植物，或者种在容器中作为亮点装饰空间。勋章菊需要充足的阳光，可以在室外或室内的花盆里直接播种，也可以直接购买植株幼苗种植。勋章菊是一种脆弱的多年生植物，在寒冷的地区作为一年生植物进行栽培。

天竺葵 (*Pelargonium* x *hortorum*)

天竺葵是花园和容器园艺最常见的一年生植物之一，很容易种植。天竺葵为簇生植物，花期持续时间长，花为单瓣、半重瓣或重瓣，长在大而圆的叶片中抽出来的挺直花茎上。花的颜色从橙色、红色到浅粉色和白色，几乎包涵除了蓝色和纯黄色之外的所有颜色。紧凑型品种可以长到40cm高。喜欢阳光充足或部分遮阴的地方，以及肥沃、排水性良好的土壤。一般春、秋季节霜冻后购买植株，或在室内直接播种，等土壤和天气变暖后，再将幼苗移栽至花园里。及时除残花，促使其重新开花，并掐掉较高大品种的茎尖，防止植物长得散乱。在第一次霜冻之前，将一部分植株带到室内，以便在冬天赏花。可用植株进行枝条扦插，让其在室内生长，来年春天再种植。天竺葵是脆弱的多年生植物，较耐寒。

天竺葵

大丽花

仙人掌型大丽花

勋章菊

剑兰

凤仙花

万寿菊

剑兰 (Gladiolus hybrids)

剑兰是最常见的鲜切花品种之一，其漂亮的花穗常受到插花师的赞誉。如果你能忍住不做切花瓶插在室内，并用剑形的叶子和各种颜色艳丽的花朵装饰花坛和边坛，就能给花坛带来非常美观的效果。这种植物可达 150cm 高，花朵直径可达 18cm。矮生品种不太常见，适合种在花坛和边坛。剑兰需要充足的阳光，应在春天土壤回暖后再种植，将球茎种于土下 15 ~ 20cm 处，株距 30 ~ 60cm。如果种植剑兰不是为了切花，则可以种得更近一些。较高大的品种在种植时应设置木桩，将不断生长的花茎用窄布条与木桩扎好。如果是为了切花而种植，每一两周新种一些球茎，持续一个月，这样切花的时间可以持续更长，当第一个花蕾开始开放时，剪下花穗用于瓶插（穗状花序自下而上开花）。切花植株开花后应除掉，在生长季末期整株挖出来。如果打算保留球茎，叶子必须留在原处，直到它们自然变黄。扔掉干枯的老球茎，把新球茎放在一边晾干，然后存放在凉爽干燥的地方，以便来年春天种植。虽然这种植物是多年生植物，但在冬季气候温暖的地区，通常会把球茎挖出来储存过冬。

凤仙花 (Impatiens walleriana)

凤仙花是常见的园艺植物，喜光也耐阴，是一种很好种植的一年生草本植物，也可用于花坛饰边和容器栽培。凤仙花叶片层层叠叠，株高 30 ~ 46cm，娇嫩的花朵从晚春可一直开到深秋。栽培品种有单瓣和重瓣，颜色有粉红色、紫色、红色、橙色、白色以及双色。这种植物需要局部遮阴。可以购买植株种植，或在最后一次晚霜前 10 周在室内播种种植。凤仙花不耐寒，对霜冻较敏感，应在霜冻的天气过去后再种植。新几内亚凤仙花比普通凤仙花的株高要高，需要适当的光照才能长出杂色的叶片和鲜艳的花朵。

万寿菊 (Tagetes erecta, T. patula)

万寿菊是一年生草本植物，常用于花坛布景。茂盛的绿荫，香气浓烈的叶片和紧凑鲜艳的花朵给花坛、容器园艺，甚至果蔬园带来了勃勃生机。非洲万寿菊能长成一大丛，株高可达 90cm，花朵重瓣，直径可达 13cm。法国万寿菊较矮小，株高 46cm，花小，单瓣或重瓣。这种植物需要充足的阳光。在霜冻的天气过去之后，可在户外播种，或在最后一次霜冻前 6 周在室内播种。注意间苗或移植时要保持苗距 25 ~ 30cm。及时摘除残花，促使植株再次开花。

碧冬茄 (Petunia x hybrida)

一直以来，碧冬茄都是园艺中较受喜爱的植物，是花坛、花盆和挂篮的主要种植植物。碧冬茄可从晚春开花直到秋季，颜色各不相同。花的直径 5 ~ 13cm 不等，分单瓣、双瓣和波状、锯齿瓣边花型。一些品种气味芳香；一些栽培品种的叶片有黏性，紧凑地生在茎上；其他的则呈蔓生状，非常适合在挂篮中种植。碧冬茄喜欢阳光充足的环境，可以购买植株或在最后

碧冬茄

一次霜冻前 10 ~ 12 周在室内播种种植。及时摘除残花，促进重新开花，并掐掉茎尖，控制植物蔓延，也能使植株长得更茂盛。

金鱼草 (*Antirrhinum majus*)

金鱼草整体娇艳，花冠呈筒状，让人喜爱，花朵呈亮丽的粉红色、红色、栗色、黄色、橙色或白色，在初夏时节盛开，如果及时摘掉枯花，可以一直盛开到霜降时期。金鱼草植株 15 ~ 120cm 不等，可以栽种在花园里的任何地方，也可以栽在容器里。花序底部有两三朵花，且上部有待放的花蕾时可采切瓶插。种植时可以购买植株，或在最后一次霜冻前 8 ~ 10 周播种。应将较高大的植株系在木桩上生长，摘除残花可以促使植物再次开花。金鱼草采取好保护措施也可以越冬。

球根秋海棠 (*Begonia* hybrids)

球根秋海棠以其色彩明艳的花朵而闻名，植株直径可达 20 ~ 25cm，花瓣有的有褶皱，有的有折边，包括除了蓝色以外的各种颜色的单瓣、重瓣、杂色、镶边和双色花型。植物直立生长或蔓生，通常种植在吊篮、窗槛花箱或其他容器中。球根秋海棠需要生长在光影斑驳的阴暗处。球根秋海棠在夏季凉爽潮湿的地方生长旺盛，炎热潮湿的条件不利于其生长。应在最后一次霜冻前 2 ~ 3 周在室内种下块茎，如果想在室内种植更长时间，可以种得更早一些。当幼苗长到大约 8cm 高时可以移植到大容器或花坛中。直立型植株需要木桩扎捆来支撑其沉重的花朵。浇水时要小心，应保持土壤湿润但不要透湿土壤，水分过少可能会导致落蕾，过多则会导致茎腐病。为了让球根秋海棠年复一年的生长，应在秋天叶子变黄脱落之后，把块茎从花盆中取出来晾干，然后储存在室内凉爽干燥处越冬。

四季海棠 (*Begonia* hybrids)

这种矮小的植物长有许多分枝的五颜六色的叶丛，上面盛开着色彩明亮的花簇，花期能持续几个月。各栽培品种的叶片呈绿色、青铜色，花色有粉红色、红色、珊瑚色和白色，花型为单瓣或重瓣。无论是种在室内还是室外，花坛中或者容器中，四季海棠都是极佳的选择。它们在阳光充足或部分遮阴处都能旺盛生长。四季海棠很容易扦插或播种繁殖，也可以直接购买植株种植。在春天霜冻天气过去之后，再移栽至室外，植株间隔 20 ~ 25cm。

球根秋海棠

百日菊 (*Zinnia elegans*)

百日菊是一种一年四季都很容易栽培的植物，能开好几个月的花，令人赏心悦目。可以种植在花坛中、容器里或切花花园中。百日菊久负"剪之不尽"的盛名，采得越多，开出的花就越多。花朵直径在 3 ~ 15cm 之间，花茎高 30 ~ 90cm。较高大的品种能开出漂亮的切花。这种植物在阳光充足的条件下生长得最好，可以在最后一次霜冻前 6 周开始在室内播种，或在土壤回暖后在花园里播种。浇透水的植物可以耐受炎热的天气，应掐掉茎尖以促进生长。

四季海棠

金鱼草

百日菊

百日菊

多年生植物

落新妇 (*Astilbe* x *arendsii*)

落新妇是最适宜种植在阴暗或部分遮阴处的多年生植物之一，能开出白色、粉红色、红色或品红色的羽状小花序。花在夏末会变成棕色，有些人将其剪掉，还有一些人喜欢其干枯的样子，将它们留在原处，直到来年春天再进行清理。叶片光滑、深裂，能长成浓密的花丛，一年四季都很吸引人。株高 30cm 以下的矮生型品种可以种在花坛的边缘或作为地被植物。落新妇可以提前在室内进行播种，但是购买已生长 1 年的植株更容易存活。应将落新妇种在排水性良好、富含有机质的土壤中，并确保土壤始终保持湿润。在早春或霜冻后把植株缩剪至地面高度，并在早春时节给生长过快的植株分根。

耧斗菜 (*Aquilegia* species and cultivars)

这种多年生植物的叶片 3 裂有圆齿，茎上悬挂着漂亮的、生有刺的单瓣或重瓣花。耧斗菜品种众多，花色各不相同，株高 15 ～ 91cm 不等。有一些杂交品种，植株高大，粗壮的茎干上生有各种颜色的大花朵；加拿大耧斗菜有红黄相间的花，能吸引蜂鸟。耧斗菜喜欢凉爽气候，在气候炎热的地区，适宜生长在阴凉下，避免高温暴晒。可以播种或购买植株种植。耧斗菜可以自己播种，春天的时候种子会大量萌芽生长，可在植株幼小的时候将部分幼苗移栽到想要种的地方即可。

金鸡菊 (*Coreopsis grandiflora, C. verticillata*)

从晚春到初秋，这种植物开出大批令人愉悦的雏菊般的花朵，要注意在残花凋谢后及时摘掉或剪掉。建议栽种紧凑型品种，如大花金鸡菊、轮叶金鸡菊"月光灰"和"萨格勒布"，后两种能长成 30 ～ 90cm 高的精致叶丛，上面点缀着黄色的小花。这些品种都喜欢阳光充足的环境，可以播种栽培，不过很容易就能买到植株。要记得每隔两年在早春给植物分根。

落新妇　　　　　耧斗菜　　　　　　　　　　　金鸡菊

黄花菜 (*Hemerocallis* cultivars)

很少有多年生植物像黄花菜那样无需太多照顾，其生命力非常旺盛，还很容易与花园里的其他植物混栽在一起。黄花菜植株较高大，花朵似喇叭口，且黄花菜的花总是很新鲜，只开一天，一株植物在几周内就能长出几十朵花蕾。通过选择花期早、中、晚不同品种混种，黄花菜可以从初夏开到秋天（引人注目的品种金娃娃萱草在这一时期几乎花开不断），狭长的带状叶给花园增添了许多魅力。这种植物喜欢充足的阳光，但在部分阴凉处也能长得很好。可以购买植株，间隔 45～60cm 种植。许多品种繁殖迅速，每隔几年进行一次分根，它就会长满花园。在冬季温暖的地区，许多黄花菜可使终保持鲜绿。黄花菜很少受到病虫害的侵扰。

蕨类植物

尽管蕨类植物外表娇嫩，却是耐阴湿、生命力旺盛且没有危害的植物之一。各种蕨类植物的大小从 30～150cm 不等。分裂的叶状体有的精细，有的粗糙，叶片或窄或宽，呈深浅不一的绿色；日本蹄盖蕨有绿色、银色和栗色等各种色调。蕨类植物需要遮阴。购买植物后应种植在湿润的、额外添加了有机物的土壤中。蕨类植物生根之后，不需要进行日常照料，通常会蔓生继而形成群落。可以向专业人士咨询一下所在地区生长得最好的蕨类植物。

老鹳草 (*Geranium* species and cultivars)

老鹳草为多年生草本，花叶美观，很讨人喜爱，多为丛生，在初夏大量开花，偶尔有的能一直开到秋天。生长低矮的品种是很好的地被或装饰花坛的镶边植物。较高大的品种通常很引人注目。花有 5 个花瓣，宽达 5cm，有浅粉色、红色和蓝紫色。

这种植物可以适应无论是阳光充足还是遮阴的各种环境，最好种植在肥沃疏松且湿润的土壤中。可以购买植株种植，但要记得每隔几年分根以恢复植株的活力。

玉簪 (*Hosta* species and cultivars)

玉簪是一种最适合种植在背阴处的多年生植物，喜阴湿，可种于树下作地被植物。玉簪寿命长且易于栽培，因其美丽的叶片而广受赞誉，它的叶片形状、大小、质地和颜色各异，有绿色、蓝绿色、黄绿色、灰蓝色、白色、奶油色、黄色和金色。丛生的植株可达 180cm 宽，而矮小的植株仅有 30cm。在仲夏到夏末，从植株中抽出花茎，花呈白色、薰衣草色或紫色。各种玉簪栽培品种的花都很香。可受适当光照，强光暴晒易使叶片变黄。购买植株后，应将其栽种在排水性良好、添加了很多有机物质的土壤中，并保持土壤湿润。这种植物很少需要分根。玉簪花最大的敌人是蛞蝓。

蹄盖蕨

日本蹄盖蕨

老鹳草

黄花菜

玉簪

鸢尾 (Bearded hybrids, *Iris sibirica, Iris cristata*)

鸢尾的花朵很优雅，是花园植物中的贵族。花有 6 瓣花瓣，里层 3 瓣（称为"直立花瓣"），外层 3 瓣（称为"下垂花瓣"）。鸢尾中有髯的杂交品种最常见，其花生长在健壮的花茎上，有笔直向上的直立花瓣和向下弯曲的下垂花瓣，下垂花瓣上有独特的毛茸茸的"毛须"。许多杂交品种五颜六色，有些品种气味芳香。鸢尾的大小从花茎高 15cm 的矮小型到 90cm 的不等。这种植物需要充足的阳光，但也可以在下午艳阳高照时进行遮阴，应种植在始终保持湿润、排水性良好、用大量有机质进行改良后的土壤中。粗壮的根状茎应恰好位于土表。有髯鸢尾能忍受夏季炎热干燥的气候。应注意及时去除残花，使外观更整洁，并每隔几年在夏末给植物分根。

西伯利亚鸢尾的花朵比有髯的鸢尾花小一些，不那么华丽，不过外观却毫不逊色。在初夏开花之后，高大拱起的花丛、修长

有髯鸢尾

西伯利亚鸢尾

饰冠鸢尾

百合

的叶片在其他季节里也很引人注目。这种植物有许多栽培品种，花朵呈深紫色、浅蓝色、白色或黄色。西伯利亚鸢尾喜欢在阳光充足或部分遮阴处生长，其根状茎种植深度 2.5 ~ 5cm，应在早春进行分根种植，土壤条件和养护方式与有髯鸢尾相似，不过，也能在较湿润的环境生长。

饰冠鸢尾是一种很矮的品种，只有 10 ~ 15cm 高，通过细长的根状茎蔓延丛生，形成一块块较为随意自然的花坛景观，但看起来很美观。花朵有蓝色和白色，一般在晚春开放。这种植物喜欢潮湿、排水性良好的土壤，但也能忍受旱季和夏季的炎热，应种植在部分遮阴处。其根状茎会沿着地面蔓延生长，在种植时，应把根系固定在土壤中，但不要用土壤完全覆盖根状茎。

百合 (*Lilium* species and hybrids)

百合优雅华丽，花朵极其引人注目，在所有花坛中都是醒目的焦点。这种植物细长、多叶的茎上开着大大的花，有白色、黄色、金色、橙色、粉色、红色或品红色，还有许多优良品种。从 5 月到 8 月，会有不同品种的百合花盛开，也可以和其他多年生植物一起种在花坛和边坛，或把较矮小或气味芳香的品种种在露台或天井的花盆里。可以购买栽培品种，或者从一些杂交品种中进行选择，其中亚洲百合和东方百合两种最常见。亚洲百合杂交品种一般无香味，花茎高约 20 ~ 40cm，在初夏开花。东方杂交品种多花香甜蜜芬芳，花茎高约 30 ~ 60cm，在夏末开花。百合花需要充足的阳光，需在晚秋或早春时将鳞茎种植在深度约为 15cm 的肥沃、排水性良好的土壤中。种植时，应插入木桩来支撑较高大的植株。百合种球通常是装在有吸湿性材料的袋子中出售，购买时应挑选饱满、湿润的种球，注意在播种前不要使其变干。百合花繁殖得很慢，可以在一个地方生长多年，应在每年秋天给种植百合的土壤施撒肥料。

牡丹 (*Paeonia lactiflora*)

牡丹花是一种寿命很长的多茎植物，在晚春时开出美丽、芳香的大朵花，花呈白色、粉红色等。待花凋零后，深绿色的叶丛可以长到 30 ~ 90cm 高，是其他多年生植物的漂亮陪衬，叶片在秋天变成紫色或黄色之后枯死。牡丹生长需要充足的阳光。应将牡丹粗壮的根株种在用大量有机质改良的排水性良好的土壤中，种植坑不超过 2.5cm 深，新种下的植株需要两三年才能开花。大多数牡丹都需要支撑物——金属圈或多根木桩，用以支撑花朵的重量，但单瓣花的品种大多不需要支撑物。应仔细选择种植位置，因为牡丹需要几年时间才能达到成熟期，而且很难移植，不过一旦成熟，就会持续开花数十年。大多数牡丹需要经历冬天寒冷的气候才能更好地开花，在气温很少达到冰点以下的地区一般生长得不好。应购买牡丹花植株种植，并在早春分根繁殖。

景天 (*Sedum* species and cultivars)

这类植物易于种植，叶片很独特，花也与众不同，与其他多年生植物组合种植或成片大量种植都很美观。到处可见的品种八宝景天能长到 30 ~ 70cm 高，叶片对生，呈肉质。在夏末开出紧凑、平顶的小花簇，花的颜色呈粉红色、白色。其他的景天属植物，如"维拉·詹姆逊"和"月季红"的叶片和花序较小，花丛也较小，较松散，是很好的地被植物和饰边植物。景天喜欢在阳光充足的环境下生长，应直接购买植株种植。如果植株间距变得拥挤，可以在早春分根，也可以把种球留在植物上过冬。

大滨菊 (*Leucanthemum* x *superbum,* formerly *Chrysanthemum superbum*)

这种多年生植物的花呈纯白色，花的直径可达 10cm，与花园中大多数颜色的花朵和观叶植物搭配种在一起都很漂亮。直立的茎高 30 ~ 91cm，每根茎生低矮的深绿色叶片上长一朵花。这种植物喜欢阳光

充足的环境。可以播种种植，或购买栽培品种的植株种植。应种植在充分改土、排水性良好的土壤中，还要给较高的植株竖立木桩支撑。要及时移除残花，并在植物开花结束后将花茎截短至地面。可每两年在春天进行分根，繁殖新株。

牡丹

大滨菊

景天

第5章

月季

月季也许是最知名和最受人们欢迎的园艺植物。月季那美丽的花朵因其颜色、形态和香气，大概比其他任何植物都更能吸引我们。但是月季又以容易感染病虫害而闻名，许多人都不愿意种植。从罗马时代起，人们就开始种植月季，证明了月季是一种强壮且适应性很强的植物。无论你是被传统的品种所吸引，还是被最新的景观类和灌木类品种所吸引，你都会发现只要有良好的土壤、足够的水和简单的照料，月季就能茁壮成长。

庭院景观中的月季

人们常常单独种植月季，以充分展示其美丽的花朵。开花时间长、叶片美观而且抗病性强的品种可以种于各种庭院。在廊道或花园的边缘用迷你型月季和较小的灌木品种的月季作装饰，用较高的灌木和藤蔓品种作树篱、屏风或多年生植物边坛的背景。无论是新兴品种还是传统的月季都能很好地融合在自然景观中。

在为种植月季选址的时候要记住，一天有6个小时以上日照的地方最适合月季生长，如果是在炎热干燥的气候中，最好能提供遮阴，让它们免于遭受正午烈日的灼伤。应保护月季免受强风的伤害，强风会损坏脆弱的花朵，并使植株迅速变干。还要考虑到成熟植株的大小和种植间距，要让空气自由地流通，有利于防止一些常见的真菌病害。

右上图的藤蔓月季很容易打理，种在任何地方都是吸睛的焦点。藤蔓型月季有很多品种，你可以选择适合你所在地区气候生长的种类种植。

购买月季

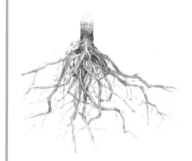
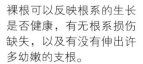

裸根可以反映根系的生长是否健康，有无根系损伤缺失，以及有没有伸出许多幼嫩的支根。

盆栽植株的根系应围绕球根均衡生长蔓延，而不能盘在根球底部或从排水孔中长出来。

选择月季

颜色、形态、香味、花期以及是否再次开花都是选择月季品种的关键。另外要根据当地实际条件选择月季品种，无论是干燥的土壤、高湿度的环境、寒冷的冬天，还是贫瘠的土壤，只要适合当地条件，都更有可能种植成功，也不需要经常进行照料。如果所在地区有一群月季种植爱好者，可向他们寻求建议，园艺品店的专业人士也能提供有价值的帮助。

月季有的裸根出售，也有的带盆出售。裸根植株处于休眠状态，枝条上无叶，根系裸露，没有任何土壤。大多数网购的月季和园艺品店出售的月季都是裸根的月季，裸根植株通常在冬末春初出售或运送，具体取决于种植地气候。裸根月季最好尽快种下，如果不得不耽误几天，最好置于10℃以下的环境，这样不会打破植株的休眠状态，同时也能保持根部湿润。如果暂时不适宜在室外栽种，则应将其先种在一个大花盆里，以保持植株健康。

盆栽月季通常比裸根的月季昂贵，品种选择也很有限。应留意盆土上部生长植株的健康情况，根系露出盆土或从排水孔伸出表明植物可能在花盆里已经生长太久。虽然可以在地面不结冰的任何时候种植盆栽月季，不过通常首选在秋天或春天种植。

月季为花园增添了几分优雅，尽管它给人感觉很难养护，但像"大卫·奥斯丁"等许多品种都很容易种植，易于修剪，也具有抗病能力。

月季的种类

虽然都是月季，但有许多不同的种类供你挑选。人们以月季的共同特性、各属类别以及被培育出的时间长短作为标准将月季分类。许多人并不知道月季的分类也能种植和欣赏月季，但是熟悉这些分类可以帮助你有目的地选择合适的品种。

杂交香水月季

这是最流行的月季品种，也是大多数人提到月季时最先想到的品种。香水月季从晚春开花到秋天，茎较长，通常每一根结一朵花，是理想的切花植物。香水月季并不都是芳香的，所以如果你想要有香味的月季，请仔细挑选。香水月季需种在排水性良好的土壤中，要经常施肥和每年大量修剪，而且需要定期喷药以控制病虫害。冬季温度下降到 -12℃以下需要做防寒保温措施。虽然花很美丽，但月季本身的叶片通常较稀疏，很难融入景观花园。

"红双喜"——红色和乳黄色，香味浓郁，1977 年全美月季优选奖获胜者

"林肯先生"——深红色，香味浓郁，1965 年全美月季优选奖获胜者

"和平"——淡黄色带粉红色边，香味淡，1946 年全美月季优选奖获胜者

"粉红诺言"——粉红色，有芳香，2009 年全美月季优选奖获胜者

"香欢喜"——亮粉色，有香味，1974 年全美月季优选奖获胜者

"爱与和平"——黄色与粉色相间，芬芳，2002 年全美月季优选奖获胜者

"百香果"——鲜红色，香味浓郁，1963 年全美月季优选奖获胜者

丰花月季

丰花月季是香水月季和多花月季的杂交品种，这种茂密的品种比多花月季更高大，在整个生长季能开出一丛丛像多花月季一样的花簇。丰花月季的景观用途非常广泛，植株较小的可以种植在容器中，植株较高大的可以用作树篱，能长到 1.5m 甚至更高。丰花月季茎比香水月季矮小，但是它的花很适

获奖的月季品种

事实证明，全美月季优选奖（All-American Rose Selection，AARS）的获胜者在世界各地花园的种植表现都很出色。评委们会测试许多特性，包括抗病性、植物和花的形态以及香味。下文列出了全美月季优选奖的获奖者以及获奖时间。

"和平"

"杏花村"

合做切花，因为一枝花茎就可以做成花束，而且丰花月季对生长环境的要求较低，抗病能力更强。

"贝蒂•博普"——花中心黄色，四周象牙色，尖端红色，有果香味，1999 年全美月季优选奖获胜者

"杏花村"——单瓣花，深粉色，香味浓郁

"欧洲大百科全书"——深红色，略带香味，1968 年全美月季优选奖获胜者

"冰山"——白色（有时略带粉红色），微香

"漫步阳光"——明黄色花朵，香味适中，2011 年全美月季优选奖获胜者

多花月季

多花月季植株矮小、整齐，从晚春一直到霜冻时期都能不时地开出大簇的小花。因为多花月季只能长到 60 ~ 90cm 高，所以是小院子的绝佳种植选择。种在花坛的边缘、种在其他灌木的前面，或种在容器里都很好看。多花月季非常抗病和耐寒。

"仙女"——粉色，花朵直径 2.5cm

"红精灵"——桃红色

"塞西尔•布伦纳"——浅粉色

大花月季

这种月季在长长的茎上能开出很大的花，通常成簇开放，花期从晚春到秋天不断。花丛大而茂密，是理想的树篱、屏风，也可以作其他植物的背景。

"伊丽莎白"——透明的粉红色花朵，直径 8 ~ 10cm，有香气，1955 年全美月季优选奖获胜者

"阳光白日梦"——浅黄色，2012 年全美月季优选奖获胜者

"爱"——重瓣花，红色，微香

"迪克•克拉克"——重瓣花，奶油色，尖端红色，香味适中，2011 年全美月季优选奖获胜者

芳香的花卉

最芬芳的月季是传统月季，但一些现代月季品种在培育时也已经考虑到香味的特性，除了上文提到的有芳香气味的月季，以下品种也有浓郁的香味：

"库拜重瓣白"——白色

"罗萨里奥•德•海伊"——深红色杂交玫瑰

"萨金特"——橙黄色杂交茶香月季

"香云"——橘红色杂交茶香月季

"玫昂爸爸"——红色杂交茶香月季

"佩内洛普"——粉色杂交茶香月季

"格特鲁德•杰基尔"——粉红大卫•奥斯汀杂交种

"仙女"

"伊丽莎白"

月季的种类

藤蔓月季

没有比让盛开的月季覆满花架的庭院更美的了。其实这些健壮的月季并不会攀爬，其长长的藤蔓（高达6m）必须绑在棚架或凉亭上。藤蔓月季也可以修整成树木或大型灌木。大多数藤蔓月季从初夏开花到秋季，有些不重复开花（即只在初夏开花）。藤蔓月季的耐寒性各不相同，在购买之前一定要询问清楚，因为很难为高大的藤蔓月季提供冬季防寒措施。

"火焰"——猩红色花簇，可长至366cm高

"康斯坦斯·斯普莱"——初夏时盛开，花朵明粉红色，芳香扑鼻，可长至450cm高

"7月4日（独立日）"——花瓣有折边，有红白条纹，香气四溢，可长至370～450cm高，1999年全美月季优选奖的获奖者

"黄金雨"——金黄色，芳香，四季开花，可长至300cm，1957年全美月季优选奖的获奖者

"约瑟彩衣"——红色的花蕾，开放时花橙色，逐渐变成明黄色，枯萎时变成红色；可能呈现出许多颜色，气味芬芳，可以生长至300cm高

"新曙光"——白里泛红，有芳香，可长至450cm高

微型月季

这种月季看起来像小一些的香水月季和丰花月季。这种植物的花和叶子都很小，植株也不高，通常能长到30～45cm，不过有些品种能长到120cm高。一些微型月季的藤蔓较长，可以修整成藤蔓状或地被状。其他的品种可以装饰花坛的边缘、假山，或种在室内外的容器中。在地面种植的微型月季从早春到秋天持续开花。如果在室内光照充足的情况下过冬，盆栽微型月季几乎可以全年开花（通常需要补充照明）。

因为大多数微型月季非常耐寒，就算地上部分枯萎了，也会在来年春天从根部重新发芽。不过，购买时最好了解一下冬季防护的要求，在户外容器中种植的微型月季需要进行冬季防护，也可以将其带到室内，供寒冷的冬月里欣赏。

"童趣"——粉色，38～46cm，1993年全美月季优选奖的获奖者

"彩虹"——黄红双色，略高于30cm，可作为攀缘植物

"金太阳"——纯黄色，30～38cm

"阳光漫步"——重瓣，亮黄色，花朵直径约5cm，香味适中，2001年全美月季优选奖的获奖者

灌木月季

如果你喜欢月季花但又不想太麻烦的话，可以种植灌木月季。这种月季运用广泛，容易照料，生命力旺盛，抗病又耐寒，通常又被称为景观月季。其高度60～240cm不等，可以蔓生、直立生长或丛生。灌木月季可以成为极好的树篱、景观植物或地被植物，在边坛中混种的效果也很好。许多灌木月季花期长达数月，有些专门培育的品种在几乎没有保护措施的情况下也可以在北方越冬。其他的灌木月季，如大卫·奥斯汀月季，是在现代月季的基础上培育出来的。

"黄金雨"

"彩虹"

"伯尼卡"

"伯尼卡"——深粉色，140cm 高，150cm 宽，1987 年全美月季优选奖的获奖者

"晨曲梅地兰"——开出一簇簇小而纯白色的花朵，110 ~ 120cm 高，宽 180cm

"无忧无虑的喜悦"——单瓣花，粉红色，有白眼，90 ~ 120cm 高，150cm 宽，1996 年全美月季优选奖的获奖者

"仙境"——花瓣正面为深粉红色，反面为白色，淡香味，120cm 或更高，90cm 宽，1991 年全美月季优选奖的获奖者

"格雷厄姆·托马斯"——大卫·奥斯汀月季的一种，花蕾为杏红色，花朵黄色，香气浓郁，高120 ~ 240cm，宽 150cm

"苹果花地毯"——开出粉色的小花，簇生，高60 ~ 90cm，宽 90 ~ 120cm

"爱丽丝"——开出半重瓣珊瑚粉色花朵，中等大小，微香

传统月季品种

在 1867 年引入香水月季之前就有的月季栽培品种被称为传统月季，这些月季起源于欧洲和亚洲，有数千年的栽培历史。传统月季品种多种多样，各品种生长习性、植株大小、耐寒性、抗病性、开花时间和持续时间各不相同。这些月季虽然不像之前讨论的月季（称为现代月季）那样被广泛种植，但也是花园中漂亮的组成部分，还可带来有趣的种植体验，许多品种还有很强烈的香味。

传统月季包括几个类别，以下是其中最著名的几种。

法国蔷薇被认为是所有花园月季中最古老的品种，其种植起源可以追溯到 3000 年前。这一类品种可长到 90 ~ 150cm 高，会在晚春或初夏时开出芳香的花朵，在秋天结出红色的果实（心皮）。

阿尔巴蔷薇的历史可以追溯到中世纪，是最耐寒、最抗病的传统花园月季之一。花朵气味芳香，半重瓣或重瓣，粉白色调；初夏在高 120 ~ 180cm、宽 120 ~ 150cm 的植株上开花，花期约一个月。

大马士革玫瑰早在公元前 5 世纪就很有名。在高达 180cm、240cm 宽的花茎上开出一束束芬芳的白粉相间的花朵。大多数植物在晚春或初夏开一次花，也有几个品种能重复开花。

波旁月季可以溯源到中国。花重瓣，芳香浓郁，有白色、粉红色、玫瑰红色、深红色，或有红色条纹，可以作为灌木或藤蔓植物栽培。

月季的栽培品种

这类月季大部分是种植者自然栽培，而不是通过杂交、选育繁殖而栽种的园林栽培月季品种。其大小和生长习性各不相同，就像藤蔓月季，花的形态各不相同，花色有红色、粉色、白色和黄色。

月季很耐寒，避开强风、干旱、含盐高土壤等极端条件均能良好生长。其花丛可高达 240cm，叶片漂亮、褶皱状、抗病性强；花朵大而芳香，有白色、浅黄色、粉红色或深红色，一年四季花开不败。月季通过根分枝进行繁殖，茎条上覆有许多大而尖的刺，可以作坚实的篱笆。

"药剂师"（法国蔷薇）

"帕门蒂尔的祝福"（阿尔巴蔷薇）

"雷什特"（大马士革玫瑰）

"荷罗顿道斯特"（杂交玫瑰）

月季种植

其实你只要了解月季的特殊性，那么这种植物就会和其他灌木一样容易种植。例如，如果种植的是藤蔓月季，就必须配备合适的花架，并不断调整将藤蔓绑在适当的位置。大多数月季需要每年修剪枝杈，在冬季寒冷的气候下需要防寒保温。月季常受病虫害的困扰，因此预防、监测和控制病虫害至关重要。下文将介绍各种月季适合种植的环境。

整地

月季可以单独种植，也可以和其他植物一起种在花坛中。月季在排水性良好但不会很快变干的肥沃土壤中生长得最好。如果你正在建造新花坛，请按照第2章所述进行整地。土壤的排水性对月季尤为重要，种植前可先测试排水性，如果24小时后测试坑里还有少量的水，则应考虑种在其他的地方，或建造高设花坛进行种植。如果想要测试土壤的pH值和养分，应告诉专业检测员你要种植月季，这样就能得到适当的建议。

如果土壤状况良好，则可以添加一些有机物质，让月季生长得更好。专业人士通常建议，即使是肥沃的土壤，也要用等量的堆肥、覆盖物、充分腐熟的粪肥或泥煤苔进行改土，并将土壤改良剂施入土壤30～43cm深处。若要改良贫瘠的土壤则需要用更多的有机质。

月季的耐寒性

低温会冻伤甚至冻死月季，不同品种的月季耐寒程度不同。比如，香水月季、丰花月季、大花月季和藤蔓月季在-12～-7℃之间通常都很耐寒，而一些月季品种则能耐-35℃的低温。不过，在冬季有适当保温措施的情况下，香水月季等月季品种也可以种植在-12℃或温度更低的地方。由于月季的耐寒程度与冬季防寒措施是否得当有很大关系，园艺店及本书也不能逐一给出耐寒等级。不过在当地园艺店出售的植物应该是在所在地区耐寒的品种，但要记得与专业人士确认这些品种如何做冬季防护措施。

花卉术语

单瓣月季，如"莎莉·福尔摩"，最外层有5片花瓣围成一圈，里面的花瓣小一些，且最多4片。

半重瓣月季，如"库拜重瓣白"，有8～20瓣花瓣。

重瓣月季，如"哈迪夫人"，有20多瓣花瓣，排成几行。

种植

月季和其他多年生植物一样很容易种植，但要确保根系与土壤紧密接触，并在植株种植于适当的位置后浇透水。

种植月季的难点可能在于确定月季嫁接处的种植高度。园艺店经常把流行的月季品种嫁接到砧木上，砧木具备生长健壮、抗病或抗寒等必要的特性。嫁接处，也就是砧木与地上部的连接处茎上看起来像一个肿块。

专业人士对嫁接处的种植高度意见不一。有些人

建议在冬季温度低于 -23℃的地方，将嫁接处置于土壤以下 5cm 深的地方；冬季最低温度在 -23℃～ -6℃之间的地方，将其置于与土壤齐平处；冬季最低温度在 -6℃以上的地方，将其置于土壤上 5cm 处。还有一些人则建议无论在任何气候条件下，都应将嫁接处置于与土表齐平处。具体实施前应与当地的月季种植专业人士协商，看看哪种方法最适合。一些月季品种如迷你和灌木月季，一般是自根植物，应该种在与它们以前种植处相同的深度，通常可以从植物茎基部的颜色变化上看出来。

月季的种植

裸根月季

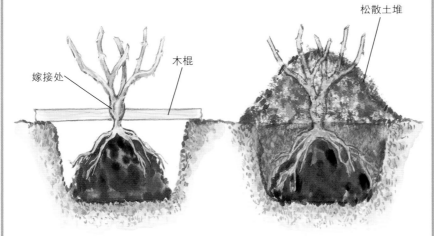

嫁接处　　木棍　　松散土堆

应将根系在水中浸泡几个小时，剪掉损伤或死亡的生长点。可以使用液体海藻溶液浸泡根系，因为溶液内含促生长剂。挖一个深度适当的坑，将嫁接处置于恰当的位置。取几汤匙过磷酸钙或 1/2 ～ 3/4 杯磷肥放在坑的底部。在坑底堆一堆土轻拍压实，再把根系铺在上面，并将嫁接处放置在适合的高度。用一根直木棍横放在土坑口，检查嫁接处的位置。

把根系铺在土堆上，再在周围加些土。将坑填到 2/3 深的时候，浇透水。等水排干后再添加土壤至地面，用力夯实，再浇水。在茎周围堆 20 ～ 30cm 的松软土壤，保护植株免受风吹日晒。当新芽长到几厘米时，土堆会逐渐松散，可以用碎树皮或粗糙的堆肥进行覆盖，沿着种植坑周围垒几厘米高的土沟，也有助于蓄水保湿。

容器栽培月季

嫁接处

在去掉花盆进行移栽之前，要给花盆中的植株浇透水。挖一个宽度大约和根球直径、深度相同的坑。取几小匙过磷酸钙或 1/2 ～ 1/4 杯磷肥放入坑的底部。小心地把植物放在坑里，伸展根系，以免缠绕根球，再检查嫁接处是否在适当的深度，用土壤填至坑的一半后浇水，然后按照裸根月季的种植方法继续操作。盆栽植物一般都有叶片，所以不要把土壤堆至植株的地上部分。

月季结构图

　　仔细观察月季结构更有利于我们养护月季,要特别注意嫁接处和果实部分。发现了吗?月季的一枝叶片是由 3 ~ 5 个小叶片组成。

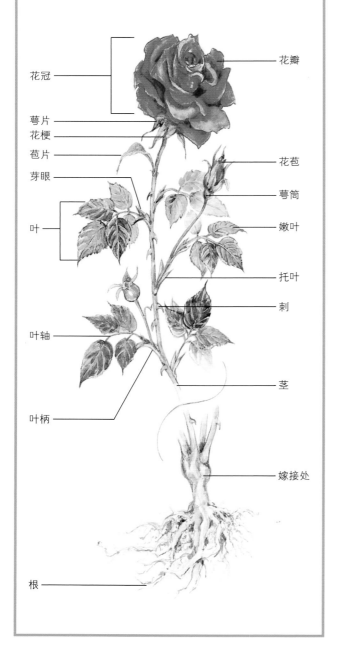

花冠
萼片
花梗
苞片
芽眼
叶
叶轴
叶柄
根

花瓣
花苞
萼筒
嫩叶
托叶
刺
茎
嫁接处

修剪指南

　　对于月季种植初学者来说,没有什么比修剪月季更难的了。月季品种繁多,专业人士修剪每一种月季的方式可能都会略有不同,而"正确"的修剪方法更是众说纷纭。学习修剪的最好方法是观察老练的花匠是如何修剪。遵循下列基本方法,就能有良好的开端。

■ 用一把好用的修枝剪可完成大部分的修剪工作。修枝剪使用时就像剪刀一样,而铁砧修枝剪会挤碎枝条。对于较老的粗壮的木质化灌木,可用高枝剪和小型的修剪锯修剪枝条。

■ 看到死枝、病枝或坏枝、弱枝、徒长枝都要剪掉。植物的内部损伤可能会延伸到表面看起来还很健康的枝条,应多剪一些,直到枝条的髓从白色到浅绿色为止。在去除病枝时,每剪完一次都应将剪刀浸入酒精进行消毒。

所有月季都应剪掉死枝、坏枝、病枝、弱枝,以及穿过花丛中心的横生枝。健康的灌木月季枝条约剪短 1/3,而香水月季需剪掉枝条的 1/2。

- 每年的修剪最好在植物的休眠（冬季）期结束后，叶芽开始长大时进行。请注意，一些一年只开一次花的月季只在上一年的新生枝上才能开花，应在开花后再修剪。
- 修剪植物可以促进新生枝的生长，打造美观、健康的外形。轻度和适度的修剪可以使园林植物更漂亮，花更繁盛。
- 剪除横穿花丛中心的枝条，有助于枝条中空气流动和阳光通透。最好选择剪去较老的枝条。
- 为了让枝条从中心向四周生长，应在向外的花蕾上方呈 45° 角剪切，这样较低的一端和花蕾的顶部大致持平，雨水会从倾斜的切口流走，有助于植物避免因积水产生疾病。

- 按照上面步骤修剪后，大部分传统月季和现代月季都能茁壮成长。但为了让植物茂密生长和按时盛开，这些月季通常只是用树篱剪稍稍缩剪即可。对于香水月季、丰花月季和大花月季来说，在休眠期缩剪前一季的新生枝，香水月季缩剪至一半，其他的缩剪三分之一，可促使月季增加分枝和开花。
- 为促使植株重新开花，应去除残花，并将枝条缩剪至第一枝有 5 片小叶处。如果整株月季已经开花完毕，可用树篱剪将枯萎的花朵剪掉，将植株剪去约 1/3 后施肥。
- 如下图所示，藤蔓月季对修剪有特殊要求。
- 若要将月季作为鲜切花，应在第一枝有 5 片小叶的叶片上方剪断茎。

重复开花的藤蔓月季可在休眠时进行修剪，在去除死枝、弱枝和病枝之后，再剪掉最老的枝条。应在早春截短枝条后绑在水平的支撑物上，以促进开花。

藤蔓月季和开一次花的藤蔓月季应在开花后进行修剪。应去除嫁接点上方的老枝，剪除弱枝或病枝，并将开花枝截短至只剩四五组叶片处。

养护和施肥

月季是需水、需肥量很多的植物。在排水性良好的湿润土壤中，还需要充足的营养。需要给植物浇多少水，多久浇一次，取决于土壤、气候、植物的大小以及一年中的各个季节。注意要定期检查月季是否有水分或营养不足的现象，以及叶片变黄或枯萎、没有新生枝、茎干无力或花蕾不能开放等。

灌溉时，要浇透水，浸湿整个根系区，深度为 40～45cm（请参见第 3 章"监测土壤水分"）。

定期给月季施肥。应根据月季的不同种类进行施肥，可以使用月季专用肥料或通用肥料，但要遵循说明书标明的剂量，如施肥过多会出问题。

传统月季和藤蔓月季可以在早春叶芽即将绽开时施用一次肥料。可以使用含有氮、磷、钾比例相同的肥料或含较多磷的肥料。在富含养分的土壤中，许多月季不需要额外施肥就能茁壮成长，重复开花的植株在第一次开花后通常需要追肥料。

与混合茶月季相比，传统月季的护理和施肥要求通常较低。

香水月季、大花月季和其他现代月季品种需要在生长期中定期施肥，应在种植约一个月后给植株施肥。而对于已经定植的植株，应在当新的叶片开始出现的时候修剪后施肥，之后每 4～6 周施一次肥，直至夏末，应按照说明书推荐的剂量进行施肥。

在寒冷地区应该在大约第一次霜冻前 6～8 周停止施用含氮肥料，因为氮会促进多水分的、对低温敏感的新梢的生长。可以继续施用磷肥和钾肥来强化根和芽，准备越冬。

防治病虫害

香水月季对害虫和疾病的吸引力就像人们对它的痴迷程度一样大，这也是香水月季较难养护原因之一。不过，不必太害怕，除非你打算参加月季花展竞赛，或者只想种植香水月季，大多数的灌木月季品种和景观月季都相当抗病。一些品种和传统月季很少需要防护，所以更应该去寻找那些在你所在地区较容易栽培的品种。健康、水分充足、营养充足和间隙合适的植株很少遭受病虫害威胁。不要把植物种得太近，因为空气循环不良会引发疾病，良好的卫生环境可以避免许多病害问题，干净的花园往往也是健康的花园。

很多害虫都会侵害月季，如蚜虫和螨虫，只要用水流将表面的虫子冲刷掉就可以；而其他的，如日本

小提示

自制白粉病喷雾剂

这种喷雾剂由美国康奈尔大学研制，但喷洒此喷雾是一种预防措施，而不是治疗方法，所以不要等看到叶子上有白色或灰色的斑点时才使用。在生长期，应每四五天喷一次喷雾剂。

将 1 茶匙小苏打和几滴洗洁精溶解在 2 升温水中，摇匀。用这种喷雾喷洒植物的所有部位，包括叶子下面。

甲虫可以用手摘掉；还有些害虫需要生物防治或杀虫剂才能治理。很难确定病虫害的罪魁祸首，因为在植物损伤处发现的虫子可能并不是源头。选择正确的防治病虫害方式也并非易事，最好的办法是针对特定的害虫寻求专业的帮助。此外还应提前预防，如每天仔

细观察月季，这样就有可能在植物受损之前发现害虫。

月季病害很恼人。最大的问题是真菌性的病害，如黑斑病、白粉病以及锈病。白粉病和锈病会使植株变形，一般不会致死；而黑斑病则能使月季叶片完全脱落并死亡。植物周围良好的环境卫生和空气流通有助于预防这些病害的发生，应及时清除植物下方和周围地面的杂物，并进行修剪，使空气能流动顺畅。为了防治白粉病、锈病和黑斑病，在给植物修剪和新枝萌出后应给植物喷园艺油，之后每 2 周施用一次可湿性硫粉剂。自制喷雾剂可以预防白粉病。关于当地植物流行性病害的防治，请咨询当地的专业人士。如果月季花坛在仲夏时遭受了病害，可以用修枝剪像春天剪枝一样对其进行修剪，植物就会长出新的茎和花，但可能会比较细弱。

防治病虫害

- 应在早上给植物浇水，这样叶和枝条上的水在白天就会变干，有助于预防真菌疾病。尽量避免把水浇到叶片上，除非需喷水把蚜虫之类的害虫从植物上冲下来。
- 一旦看到患病或受损的叶片和枝条，应立即除掉并扔进垃圾桶，不要放在堆肥堆里。
- 秋季严霜后对植物及周边进行清扫，去掉植株上的叶片，清除植物下面的残枝和旧的护根物，再铺上新的护根物防寒，准备越冬。
- 植物修剪后和新芽萌出前，喷洒休眠喷雾（石灰硫黄合剂或园艺油），杀死越冬虫卵和病原体。

越冬防护

如果能保护月季的根和枝条不受冬天干燥的大风、低温和冻融影响，月季就可以在严寒地区成功地种植。在冬季温度低于 -12℃ 的地方，各种月季品种都应采取越冬防护措施。以下步骤适用于大多数月季品种，采取措施前可向当地专业人士咨询，看看你所在地区都有哪些月季需要防护，并让他们推荐一些防护方法。

- 当夜间气温持续降到冰点以下时，植株的基部需覆盖约 30cm 高的松散土堆。
- 用软绳将枝条松松地绑在一起，可以将长枝条剪短至 60 ~ 120cm。
- 土堆冻结后，用松枝或其他保温材料覆盖土堆，防止其经历多次冻融。可以把植物围在一个大约 120cm 高的铁丝笼子里，里面用叶片或稻草装满，这些材料可以保护围起来的枝条。也可以用锥形的聚苯乙烯泡沫代替土堆和月季保护笼，但必须进行修剪才能装进去。要记得在圆锥体的底部撒一些土进行密封，并且压住它，以免被吹跑。

- 在春天最后一场严霜过后，去掉保护笼里的叶片、秸秆或锥形体覆盖物。随着土堆解冻，逐渐移走土堆（不要"铲"掉它，否则可能会损伤土堆下的新生枝）。等天气条件稳定下来，土堆就会逐渐平坦。

蔷薇果成熟，预示着冬天的到来。玫瑰和其他传统月季品种的果实最大，如果你不用这些果子泡茶或做果冻，那就将它留给鸟吃吧。

第6章

春季开花的鳞茎植物

从冬末到夏初，很少有什么庭院景观能有春天开花的鳞茎植物那样吸引人，在冬季气候寒冷的地区尤其如此。开花较早的鳞茎植物如银莲花、番红花和水仙花也代表着季节的变化。在冬季气候温暖的花园中，伴随着不那么引人注目但同样预示着季节变化的是芬芳的小苍兰和多花水仙花。可以在庭院入口通道、林地花园或长满草的山坡上用鳞茎植物点缀上春天的色彩，而且春季开花的鳞茎植物的种植要求也不太高，有些植物在种植多年后无人照料，照样年年开花，还有一些植物也仅是每年需要施少许肥料。当植物长得太紧密时，可以把鳞茎分株，把这些植株移栽到庭院的其他地方。

区分鳞茎植物

我们通常所说的鳞茎植物实际上是几种不同的植物种类。一些是真正的鳞茎植物（水仙花、郁金香），其他的是球茎植物（番红花、小苍兰）或块茎植物（银莲花、冬乌头）。这三种茎都是为形成根、叶、茎和花而储存养料的肉质结构。植物学家注意到鳞茎植物、球茎植物和块茎植物之间存在差异，在分类上他们总是持不同的看法。但对普通人来说，在选择和种植这些植物时，这些差异并不重要。为了方便，在下文中我们将把这三种植物都称为鳞茎植物。了解有关知识很有益，因为植物根和芽的生长所需的所有养料都储存在鳞茎、球茎或块茎中，而且植物每年开花后都需要补充这些养分。此外，每年大多数鳞茎植物、球茎

当多年生植物刚开始萌芽时，春季开花的鳞茎植物就为花园景观增添了许多色彩（上图）。

春季开花的鳞茎植物很容易照料，所在之处皆是美景（下页图）。

植物和块茎植物都会自我繁殖，因此，随着时间的推移，一株植物很快就会长成一片。

鳞茎植物景观美化

鳞茎植物可以打造出从传统正式到休闲轻松的大多数景观风格。应仔细选择植物的颜色和形态，并遵循下面的原则。

- 将鳞茎植物成簇种植（每组 6～15 株或更多），而不是单棵种植，要制造出视觉上的花束效果。为了使花园看起来更自然，花簇可以随机组合，相互贯穿。

- 可以将一些开花较早的鳞茎植物，比如雪花莲、番红花和雪光花属植物种植在入口阳光充足的地方或从窗户能看到的地方，这样当天气还太冷不适合在花园悠闲地散步时也可以欣赏美景。

- 需大胆运用色彩。在春天的花园中，没有太多引人注目的植物，所以应种植红色、黄色、橙色、粉色和淡紫色的植物给景观带来生机。还可以在不同的季节搭配各种颜色，在几个月内不断变换花园的外观，例如从淡蓝色、黄色、白色到淡紫色、粉色、桃红色，再到深红色和橙色。

冬季气候温暖地区的鳞茎植物

许多春季开花的鳞茎植物（比如番红花、郁金香和风信子）需要经历一段时间的低温才能正常生长开花。在冬季气温长期不低于 7℃的地区，这种鳞茎植物可能会生长得不好。一些冬季气候较温暖的地区将这些植物作为一年生植物种植，每年从园艺店那里购买新鲜的鳞茎，园艺店会在秋季装运前将其预冷。如果想自己重新种植这些鳞茎植物，就必须将其从土中挖出来，在冰箱里冷藏几周，但如果鳞茎太多，这将会是一项相当艰巨的任务。不过也有许多冬天和春天可以开花的鳞茎植物，在冬季气候温暖的地区不必预冷就可以种植，如小苍兰、纸白水仙、花毛茛、仙客来和葱属植物等。如果你不确定哪种鳞茎在当地气候下生长得好，请询问专业人士的建议。

鳞茎植物开花时间

应种植一些开花时间不同的鳞茎植物，可以在早春、仲春和晚春持续为春天增添光彩。从每一种植物中挑选一些，然后与这个花园种植的其他植物组成颜色和谐的花丛。当最后的鳞茎植物开完花后，可以在同一个地方种植一年生植物。

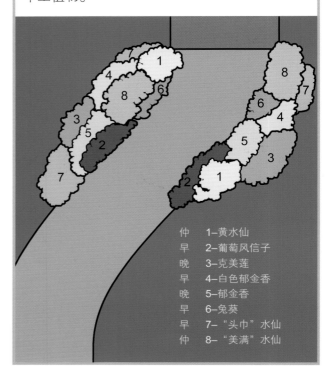

仲	1–黄水仙
早	2–葡萄风信子
晚	3–克美莲
早	4–白色郁金香
晚	5–郁金香
早	6–兔葵
早	7–"头巾"水仙
仲	8–"美满"水仙

用鳞茎植物美化环境需要规划好开花时间、颜色和植株大小。

种植和养护

和大多数园林植物一样，春季开花的鳞茎植物在肥沃、排水性良好的土壤中生长得最好。鳞茎植物经常与其他植物共植于同一花坛，并受益于精心准备的土壤。将水仙花和番红花等球茎植物移植到草坪或林地时，通常不能进行大范围的整地，需要依赖原先土壤的肥力，不过，也可以在种植，或在鳞茎开花之后再增施肥料。

在为鳞茎植物选择花坛或种植地点时要牢记排水性不良、易积水的土壤会使鳞茎腐烂。春天开花的鳞茎植物喜欢阳光，不过，也可以种在落叶树或灌木的下方，等鳞茎植物开花后这些树木才会形成遮挡阳光的树冠。

种植鳞茎植物 鳞茎植物很好栽种，要注意应在早秋种植次年春季开花的鳞茎植物。如果要成簇种植，每簇种几株，可以用铲子为每一簇挖一个小坑。如果在同一个地方种植大量的鳞茎植物，则要用铲子把整个区域挖好坑。应该将大多数鳞茎植物种植在相当于其高度 2 ~ 3 倍深的土壤里（园艺店通常会提供鳞茎植物的种植方法）。虽然有些鳞茎植物几年后就会长到最佳的深度，但在种植时还是应种在合适的深度，必要时可以使用尺子测量，因为大多数人都将鳞茎种植得太浅了。

把坑挖到适当的深度后，可以在底部松几厘米土，以便排水和根系的生长。在坑底的土壤中掺入一把通用肥料，在较大的鳞茎种植区域施用肥料时，应按照标签上说明的施用量将其掺入土壤中。将鳞茎放在土表，尖端朝上，平面朝下，接着用土壤盖好。水仙花和其他较大的鳞茎植物之间需相距 15 ~ 20cm，而与较小的鳞茎植物之间则可以相距近一些。按照这个间距种植，植物会在几年内繁殖成一大丛。为了更快地形成花丛，可以把鳞茎的种植间距设置得更近，但这样很快就得挖出来进行分根，以避免过度拥挤。一些鳞茎植物是地鼠、田鼠和其他小动物的美食，特别是番红花和郁金香。可将鳞茎植物种在金属丝网笼子里，或一次性种植大量鳞茎植物时，将鳞茎植物放在铁丝网之间进行防护。铺设两层铁丝网，使孔更小，并把这两层铁丝网也覆盖土表上。在铁丝网上盖 2.5cm 厚左右的土，接着把鳞茎植物种在合适的位置。为了保护鳞茎不被尖锐的铁丝刺伤，至少用 2.5cm 厚的土壤覆盖铁丝网，并在上面再放两层细铁丝网，把铁丝网的边缘弯下来，把所有的鳞茎植物围起来，最后添加充足的土壤把鳞茎埋到适当的深度。

新种的鳞茎植物要浇透水，如果冬天较干燥，则应定期浇水，直到春天新叶出现。在植物生长开花时，需保持土壤湿润，但不能积水。花谢后，鳞茎叶片可以继续制造养料，储存在鳞茎中为来年的生长提供养分，直到叶子褐变或完全变黄变干后再剪掉叶子。

鳞茎植物的养护

许多多年生鳞茎植物常年无人照看，但依然能绽放美丽的花朵。每年春天，叶片开始萌出后，用复合肥料给植物施肥。当植物太稠密时，可以在叶片枯萎后把鳞茎挖出来，并及时将其重新种植在间距大的地方。如果想等到秋天再重新种植，可以把球茎储存在凉爽干燥的地方。不过鳞茎在夏天很容易腐烂或干枯，最好在挖出来之后马上重新种植。

有时，郁金香和风信子的花坛在一两年后会退化，花变小、变少。可以把这些植物当作一年生植物，在生长季节过后挖出鳞茎丢弃，并在秋天种植新的鳞茎。

如果可以清理并挖掘整个区域，就很容易种植大片鳞茎植物。

景观中的鳞茎植物

可以用春天开花的鳞茎植物装扮院子，以下是一些景观美化建议。

混栽花坛和边坛

春天开花的鳞茎植物为花坛增添了不少色彩。经过漫长的冬天，雪花莲和番红花从薄薄的雪地下探出头，着实是令人振奋的景象。由此开始长达数月的鳞茎植物大展，不仅装点渐渐苏醒的春日花园，也为早花的多年生植物、灌木和树木增添了色彩。

种植鳞茎植物时可以尝试多种策略。可以选择与其他开花较早的植物互补或协调的鳞茎植物，也可以单独种植单一品种或多种颜色的鳞茎植物，都能打造出一片姹紫嫣红。在多年生植物丛中种植鳞茎植物时，要留意植株的高度，应将鳞茎植物置于多年生植物叶片后，这样可以隐藏鳞茎植物泛黄的叶片。

春季开花的鳞茎植物在灌木花坛中也能给人留下深刻印象，在深绿色的紫杉、杜鹃花有纹理的叶片和其他阔叶常绿植物的映衬下显得格外漂亮。可以试试混种达尔文郁金香和重瓣郁金香，让绿色灌木作背景，铃兰作地被植物。鳞茎植物与落叶灌木种在一起也很醒目，鳞茎植物的茎干与光秃秃的树枝形成鲜明的对比，比如红枝山茱萸的彩色茎干，或者也可以选择一些鳞茎植物来衬托春季开花的灌木，如星玉兰或连翘。

一些芳香的鳞茎植物

可以在室外或室内种植一些有香味的鳞茎花卉品种供人们欣赏。

水仙花："阿克泰亚"（诗人的水仙花）、"卡尔顿""快乐""黄色快乐""鹌鹑""苏西""天竺葵"和"塔利亚"。

郁金香："圣诞奇迹""英国国旗""宝石红""蒙特卡洛""杏色美人"和"王子"。

风信子：所有常见的风信子和葡萄风信子。

在混栽花坛里种植鳞茎植物，这样其他植物的叶片就可以挡住鳞茎植物褪色的叶片（左上图）。

种植在落叶树下的鳞茎植物，可以获得足够保持健康的阳光，并逐年进行繁殖。在这些地方，应选择早春到仲春开花的植物，如雪花莲、番红花和葡萄风信子（上图）。

袋植

　　春季鳞茎植物花坛可以点亮你庭院中不起眼的角落。在这些地方可以大量种植鳞茎植物，茂密的花坛比稀疏的花坛更美观。当鳞茎植物枯萎后，可以任其枯死，也可以把它的鳞茎挖出来，一年种一次。以下是一些鳞茎植物庭院造景建议：

在灯柱、邮箱周围种一些诸如水仙花等春季开花的鳞茎植物。

在庭院前门和后门放上几盆风信子、水仙花、三色紫罗兰或蜡秋海棠。

在树木周围种植一些多彩的鳞茎植物，增添春天的魅力。

沿着步道的边坛放置郁金香、水仙花、风信子或葡萄风信子。

以石面花坛有纹理的灰色背景衬托色彩柔和的花朵或鲜艳的郁金香。

在自然景观中

我独自漫步，像一朵云
在山丘和谷地飘荡，
突然我看见了许多
金色的水仙……
我瞥见了成千上万朵，
摇着头在轻快地舞蹈。

很少有人有足够的空间种植如此多的鳞茎植物，能让英国诗人威廉·华兹华斯如此感动。但是，我们也可以通过在草坪中、地被植物覆盖的花坛中、庭院边界、落叶树的下方种植春季开花的鳞茎植物，创造出质朴自然的效果。

可采用自然种植，就是把鳞茎植物随意地种在土里，使其看起来像是本来就生长在这里，而不是特意种在这里的植物。番红花和水仙花经常被自然种植，打造的景观令人印象深刻，除此之外还有冬乌头、银莲花、雪光花属植物、铃兰和雪花莲也是很好的造景植物。可以自然种植各类鳞茎植物或只种一种。可以

小面积或者大面积种植鳞茎植物，但是不要吝啬鳞茎的种植数量，一些随机生长的水仙花在一小块草地上看起来很寂寥，而且除非有很多株，不然人们通常不会注意到像番红花这样的很小的鳞茎植物。考虑种植地点的时候要注意，开花之后鳞茎植物需要补充养分以备来年的生长，还要选择不受野草或其他植物干扰的生长地点种植。

可以通过摆放鳞茎植物来设计一个自然种植花坛，使其看起来很"自然"。或者把鳞茎块根随意散落在地面，不考虑任何设计，然后在鳞茎落下的地方挖坑种植。可以用专门的鳞茎种植工具为一两个鳞茎挖一个直径 5～8cm、深 13～15cm 的土坑。种植大丛的鳞茎植物时，可以用铲子或铁锹挖掘。如果挖坑的地方有草皮，可以在种植完鳞茎后再将草皮放回原处。应在坑底或种植区域的土壤中施用颗粒肥料或堆肥，并确保颗粒肥与土壤混合或在上面覆盖一层沙子，以免直接接触到鳞茎而"烧伤"。如果移植在草皮上的鳞茎植物长得不太好，应检查一下鳞茎是否种植得太稠密，也可以使用高钾肥料或用绿砂改良土壤，以促进开花。要注意，高氮肥料可能会使草皮生长得

在林地花坛中分散种植一些郁金香，如左图，能在整个春天收获到意想不到的效果。

上图中的鳞茎植物在适度肥沃且排水性良好的土壤中能茁壮成长。如有必要，可以将长得过密的植物分根。

更加旺盛，与鳞茎植物争夺养分。

搭配地被植物

在一片绿地上自然种植鳞茎植物可和地被植物一起为庭院增添春天的色彩。成批种植的大番红花、水仙花和郁金香在地被植物丛中开放，看起来赏心悦目。应谨慎设计地被植物和鳞茎植物的混栽方案。常绿地被植物，如长春花或富贵草可能会掩盖较小的鳞茎植物，而高大的鳞茎植物的叶片可能会让周围的地被植物空气流通不畅。为了避免这些问题，可以将鳞茎植物种在落叶地被植物中，如筋骨草和车轴草，因为这些植物的叶片在生长季中发育得较晚。而在已生根的地被植物中种植鳞茎植物需要克服一些困难，把碍事的植物移开，然后用铲子或种植鳞茎植物的工具挖一个坑。如果要种植一组鳞茎植物，应在地被植物下几厘米的地方铲一铲子，将植物、根和土壤抬起或向后翻，再向下挖，将鳞茎植物种在适当的深度，填入挖出的土壤，然后将铲去的地被植物牢牢地压回原位，最后浇透水，小块的地被植物很容易就会恢复正常生长。

当鳞茎植物，如这些"天使"郁金香与地被植物一起种植时，地被植物就会呈现另外的一种景观（下图）。

容器中的鳞茎植物

春天开花的盆栽鳞茎植物可以在庭院前门、小径、天井或露台上创造出色彩缤纷的焦点。将它们放在多年生植物边坛的各处，看起来很漂亮。但由于春季开花的鳞茎植物花期相对较短，可将其单独种植在容器中。如果与其他植物混栽，选择春天开花的如三色紫罗兰或报春花比夏季开花的植物更好。当所有的鳞茎植物都开花后，可以丢弃或重新种植这些一年生植物。

在秋天就要将来年春季开花的鳞茎植物种在容器中。鳞茎植物与一年生植物和多年生植物一样，在同种的容器和盆栽土中生长较好。可以种植单层或多层的春季鳞茎植物，鳞茎植物可以紧贴种植，以产生茂密、丰满的效果。鳞茎植物在容器里不需要像在地里种得那么深，比如风信子和多花水仙，在室内种植通常先在容器里铺一层砾石上，再在鳞茎上覆盖一层潮湿的苔藓即可。而在户外，鳞茎需要更多的土壤来保持水分、提供营养，并使其免受极端温度的影响。容器必须足够深，在鳞茎下留 3～5cm 的土壤。可以埋住鳞茎的顶部，也可以让生长点露在外面。要注意，花盆里的土壤越少，就越需要时常浇水。为了便于浇水，容器内的土壤高度应该在容器边缘以下 1～3cm 之间。可以在种植时掺入缓释肥料，使用时注意查看说明书，了解需要使用肥料的剂量和有效时长。

盆栽鳞茎植物的养护 植物种植后，给土壤浇透水。如果住在冬天很冷的地方，应把容器放在车库、工具室或其他凉爽、无霜的地方，防止鳞茎植物被冻死。将这些鳞茎植物在 1℃～5℃ 的温度中放置 10～16 周，以满足其对低温的要求。

在冬季气候温和、不会结冰的地方，可以把容器放在户外。在冬季气温很少低于冰点的地区，可以将花盆埋入疏松的土壤或沙土中，埋至花盆的边缘。

冬天应给鳞茎植物盆栽浇水，防止土壤变干，但不要让土壤浸水，生长在排水条件差的土壤中的鳞茎植物很容易腐烂。等鳞茎发芽后，将花盆移到温暖的地方，到冬末出现花蕾时，需要把花盆移到阳光充足的地方。应每天检查一次土壤的湿度，并在必要时浇水。因为在少量的土壤中塞满植物会消耗大量的水，炎热或多风的天气也会很快使土壤变干。待花谢后扔掉鳞茎或将其移植到土壤中，这样可以为来年的生长储存足够的营养。即便如此，这些鳞茎可能还需要一年的时间储备足够的养料才能开花。

风信子盆栽可以为各种花园景色带来一种整齐、庄严的氛围（左图）。

下左图中的达尔文郁金香，给正式的场合增添一种庄严的色彩。

盆栽是郁金香的理想选择，因为花盆可以防止啮齿类动物吃掉鳞茎。在下图展示的是天使郁金香。

盆栽如何分层种植

难度：简单

工具和材料：植物容器、陶片或粗筛废物、盆栽土、鳞茎、水、肥料

1 选购一个至少深15～20cm、直径30～35cm、底部有排水孔的容器。用碎陶片或粗筛废物盖住排水孔，使泥土不漏出来。

2 在容器中铺5cm厚的盆栽土，在土上放较大的鳞茎，比如郁金香或水仙花。鳞茎间隔需紧密，但不要接触，再在上面覆盖5～8cm厚的土。

3 在这一层土上放较小的鳞茎。上面覆盖大约5cm厚的土，将容器填充到边缘下方1～3cm处，浇透水。冬季要保护盆栽免受冻害，并始终保持土壤湿润。

4 春季把容器移至室外。必要时浇水，并按照肥料说明上的指示施肥。不久就能看到叶片和花茎出现在阳光下。可以把花盆放在能欣赏到的地方。

常见鳞茎植物一览

以下是一些精心挑选的、易于种植的常见春季开花鳞茎植物。

观赏葱

"蓝色多瑙河"克美莲

葱属植物 (*Allium* species and cultivars)

洋葱有许多引人注目的近亲植物种类，这些植物叶片簇生，带状，长而细的花茎上开的小花簇很引人注目。有的花芳香甜美，适合做切花或干花。有春季开花的品种，其中在早春至仲春开花的有宽叶葱，开着大大的粉红色或微红色花簇；纸花葱在30cm高的花茎上盛开着白色芳香的花簇，可以作为漂亮的切花。在晚春时节开放的是波斯之星，其花梗最高可达76cm，上面是直径25cm宽的花球；还有棱叶韭，花簇直径5cm，花茎30cm高。也可以种一丛细香葱，剪下它漂亮的丁香紫小花做花束，而葱味的叶子则可以做沙拉。葱属植物需要充足的阳光，种植深度因鳞茎的大小而异。开花的葱属植物一般都较为耐寒。

克美莲属植物 (*Camassia* species and cultivars)

克美莲属植物原产于美洲，在晚春时开出优美的蓝色或白色星形的总状花序。花从底部向顶部依次开放，适合作为切花，也适合种在花园里观赏。叶片似草般狭长，

植株高5～8cm，应在花园中密集种植，或移植到田间、溪流边大量种植，少量种植不太引人注目。克美莲属植物需要阳光，不耐阴。应将鳞茎种植在排水性良好的土壤中，种植深度约10cm，土壤在夏季应保持湿润。克美莲花呈淡蓝色，在初夏开花，其栽培品种的花呈深蓝色。柠檬百合的栽培品种花为半重瓣、深紫色。卡马百合的花从深蓝色到浅蓝色到白色，其颜色取决于不同的品种，而且非常容易种植。

番红花 (*Crocus* species, cultivars, and hybrids)

番红花是一种很小但赏心悦目的植物。虽然不是春天最早开放的花，但番红花常被称为春天的使者。有大花番红花和小花番红花，都有各种不同的颜色，如紫色、粉红色、黄色、白色或双色花。最高的番红花能长到20cm，矮的大约10cm。叶片呈草状，较稀疏。最常见的是大花荷兰杂交品种。金盏番红花，有时称为雪地番红花，花朵较小，开花时间较早。想要花期长一些，可以每一种都种植一些。最好每种都应多种一些，因为尽管番红花生长迅速，但是植株较小，需要大批种植才能达到最佳观赏效果。秋水仙在秋天开花，若在早秋种植，就会与其他植物在同一季节开花。番红花需要充足的阳光，可轻微耐阴。应在排水性良好的土壤中种植，深度约10cm。除了松鼠和其他啮齿动物喜欢啃食番红花之外，种植番红花没有太多困难。

番红花

水仙 (*Narcissus* species and hybrids)

当人们想到春天的鳞茎植物时，可能首先想到的就是水仙。即使是小孩子也熟悉水仙的模样，在一簇簇直立而狭长的叶片中抽出的无叶花茎上开出令人赏心悦目且芬芳的花朵。水仙有数百种不同的品种。植株大小从 15～46cm 高度不等，一根花茎可以开 1～20 朵花。花的颜色大多是白色和黄色（带有橙色、红色和粉红色亮点），而且花的形态和大小也各不相同。水仙根据花的形态分为很多类。最流行的是喇叭水仙花，有人们熟悉的喇叭状花朵。你不需要知道水仙有哪些种类，不过如果你对水仙花非常有兴趣，则可以每年种植不同品种水仙花，享受其中的乐趣。

园艺店除了售卖水仙花的鳞茎，也经常出售长寿花或水仙属植物的鳞茎，它们都是植物分类学上的水仙属植物。这种被称为长寿花的植物在仲春、暮春时会开出一簇簇小而芳香的花朵。准确地说，水仙属植物并非一个常用名，有些人把所有的水仙属植物都叫水仙花；还有一些人只用水仙花来指代那些花很小、芳香、每根花茎开许多花的白色水仙花，比如那种在温暖室内提前开花且香味浓郁的多花水仙。水仙属的天然品种和杂交品种数量众多，新手不必在意。你能在当地的园艺店找到大量的水仙花买来种植。如果你热衷于水仙花种植，可以向专业人士咨询更多相关问题。

水仙花喜欢充足的阳光。为了获得最漂亮、最持久的展示效果，应混合种植早、中、晚花品种。种植鳞茎时，顶部要位于土壤表面以下 10～15cm。要注意提醒孩子们，水仙花的球茎、叶片和花是有毒的，不可食用。大多数水仙花较为耐寒。

雪光花 (*Chionodoxa* species)

早春时节，这些小鳞茎植物会开出白色、蓝色或粉色的花穗，植物最高可达 15cm。为形成色彩对照，应种在开黄色或白色花朵的植物附近。雪光花春天喜阳，夏天需部分遮阴。种植深度约 8cm，间隔 8cm。植物会自播，形成一片，很多年不必分根。

雪光花

黄水仙

精选水仙花

一般大多数水仙花都能长到 35～50cm 高，单瓣花，一根花茎只开一朵花。

花期较早

"偷窥汤姆"——黄色，高 15～25cm

"悄悄话"——黄色，高 15～25cm

花期早到中

"卡尔顿"——黄色

"胡德山"——白色

"荷兰主人"——黄色

"冰清玉洁"——白色

花期晚

"阿克泰亚"（诗人的水仙）——花瓣白色；花蕊黄色、红色或略带绿色

"冰清玉洁"水仙

"天竺葵"——花瓣白色，花萼橙色，每根花茎开几朵花

"哈维拉"——花瓣黄色，20cm 高，每根花茎开几朵花

"快乐"——花瓣白色，花蕊黄色，重瓣花

"黄乐"——花瓣黄色，重瓣花

"蓝穗"亚美尼葡萄风信子

葡萄风信子 (*Muscari* species)

这些芳香的紫色或白色的葡萄状的花簇可以在仲春持续开放几周。像草一样的叶片在秋天萌出，一直生长到次年春天，并在初夏凋零。最高仅能长到 20cm，是装饰花坛边缘的好选择，可以和较高的鳞茎植物如郁金香混种在一起。应在全日照或部分遮阴处种植。葡萄风信子属植物中的"蓝穗"是一种重瓣花，还有一种百花葡萄风信子。

风信子 (*Hyacinthus orientalis*)

风信子的花有香味，有蓝色、粉色、黄色、白色、杏色或淡紫色。这种优雅的植物能长到 20 ~ 30cm 高，花朵茂密，花茎直立，叶端尖，种在边坛或盆栽中显得整洁而美观。在灌木或树篱前成群种植很好看，也可以与早花的郁金香组合种植。花丛在第二年之后的几年里会变得比较松散。鳞茎的大小和花穗的大小相关联，鳞茎越大结的花穗也更大。鳞茎繁殖较慢。

风信子需要充足的阳光。鳞茎应在秋天紧密种植，较大的鳞茎种植深度约 15cm，较小的鳞茎的 10cm。优良的栽培品种有"完美粉色""哈勒姆之城"（淡黄色)、"卡内基"（白色)、"本尼维斯"（重瓣白色）和"代尔夫特蓝"。在冬季气候寒冷的地区，需要有较厚覆盖物才可以过冬。

雪花莲 (*Galanthus nivalis*)

雪花莲是最早开花的鳞茎植物之一，能在严寒气候中存活下来，可以看到其钟形的白花从雪地里拱出来。因为其植株很小（8 ~ 13cm 高），为了美观，需要多种一些。雪花莲繁殖迅速，非常适合在乔木和灌木下自然种植。重瓣雪花莲应种植在全日照或部分遮阴处，这种植物喜欢排水性良好的土壤，还能忍受夏天的干燥气候。小鳞茎种植深度约 8cm，种植间隔约 8cm，植物很快就会长得丰满茂密。

绵枣儿属植物 (*Scilla* species and cultivars)

早春，这种小鳞茎植物继雪花莲之后开花，花朵呈星状，有蓝色、白色和浅粉色。每个鳞茎上最多能抽出 4 根花茎，花茎长 10 ~ 20cm，每根有几朵花，草样叶片较稀疏。绵枣儿应成堆种植，鳞茎越多越好看。春天的阳光和夏天落叶树下的环境很适合其生长。鳞茎种植深度为 8cm，种植间隔 8cm。因为鳞茎繁殖迅速，也能播种繁殖，绵枣儿传播迅速，种植效果好。

风信子　　雪花莲

绵枣儿

郁金香 (*Tulipa* species and hybrids)

　　郁金香和水仙花一样，都是春天的代名词。可以与其他植物一起种在花坛和边坛，单独或大量种植均可，还可以种在容器中。花园里常见的郁金香很少是自然育种的，因为鳞茎植物是穴居动物非常喜欢的食物，再加上郁金香僵硬、直立的花朵点缀在田野中不太自然。传统的郁金香品种，叶片比大多数园艺品种的叶片更清爽，星形花也更令人愉目，非常适合自然种植。与大多数郁金香会在几年后逐渐枯死不同的是，传统郁金香会一直返青很多年，并且传统郁金香开花通常早于园林品种。

　　有大量的杂交郁金香品种或园林郁金香品种可供选择。株高从 15 ~ 75cm 不等，有各种颜色，其中有一种深红色的郁金香，经常作为"黑色"郁金香出售。像水仙花一样，郁金香也根据花的类型、起源和开花时间来分类。"达尔文"杂交郁金香是所有品种中开花最大的一种，在春末开花。"百合花"郁金香的花在顶端绽放（类似百合）。"牡丹花"郁金香是重瓣花，有许多花瓣。"伦勃朗"郁金香的花很大，花上有色彩鲜明的条纹。郁金香生长需要充足的阳光。种植深度不能太浅，否则不利于生长。种植鳞茎时，顶部深度约为 20 ~ 25cm。在冬季气候不太寒冷的地区种植郁金香时，应作为一年生植物种植，并使用预先冷处理的鳞茎。

银莲花 (*Anemone blanda*)

　　在落叶树下或草坪上，银莲花蓝色、粉色或白色的小雏菊样花朵伸展开来，给早春铺上迷人的地毯。这种植物很矮（8 ~ 15cm 高），不过花的直径可达 5cm。银莲花需要局部遮阴，它喜欢凉爽、潮湿（但不要浸水）的土壤。银莲花无法在炎热的气候下生长。应在种植前将块茎在水中浸泡一夜，种到 5cm 深的土坑里。这种植物可以自我繁殖，且繁殖迅速。野生银莲花较稀少，所以只能购买园艺店培育的块茎或栽培品种，如"白光辉"或"蓝星"。

菟葵 (*Eranthis hyemalis*)

　　这种早春开花的植物比番红花早开花约两周。像雪花莲一样，花朵穿透薄薄的雪绽放，各植株间互为伴生种，令人赏心悦目。菟葵株高 8 ~ 15cm，茎上开亮黄色花，先花后叶，在夏天枯萎。应栽种在阳光充足或部分阴凉处。如果购买的块茎太干瘪，会生长不良。将菟葵植入花园最好的方法是在植物开花后立即移栽至花园中，菟葵一旦生根，可以活数十年，并通过蔓延和自播繁殖。

"金帝"

"伦勃朗"

银莲花

菟葵

第7章

香草

香草是一种令人着迷的植物，其栽培历史可以追溯到人类文明之初。香草种植也是一项实用技术，可以为厨房提供调味品，还可以为家庭提供基础草本药物。如今，人们种植香草很少为了药用，更多的是为了其迷人的外观、令人愉悦的香气和特殊的味道。无论是外观、香气、味道，还是植物的历史激发了你的兴趣，何不妨在你的花园中为它们留出位置。

什么是香草

香草一直以来有一种定义是对人有实际用处的植物。就像比萨上的牛至和百里香，能提取杀虫剂的多色雏菊，还有能提取药物的洋地黄一样，都是香草。这样的例子不胜枚举，我们几乎每天都会使用香草。

通常情况下，香草可作为食物调味料、茶或家庭药材，它们具有明显的香味，而且是一类赏心悦目的植物。通常种植罗勒、香葱、马郁兰、迷迭香、龙蒿和百里香以获取其美味的叶片；种植香菜和莳萝，以获取美味的叶片和种子；种植有香味的天竺葵、薄荷、鼠尾草和车轴草，以获得其芬芳的气味；种植棉毛水苏，以观赏其柔软的银色叶片。还有火红花朵的香蜂草、结构紧凑的石蚕，也是理想的香草树篱。

香草的选择

在选择种植什么各类的香草时，除了香草的味道、香气和外观，还应考虑其适合的生长香草种类多样，其生长条件也不尽相同。大多数香草在阳光充足、肥力适中、排水性良好的土壤中生长旺盛，有些香草在较贫瘠的土壤或部分阴凉的环境中也能生长良好，还有一些能耐受较为潮湿的土壤。虽然香草很容易栽培，但一些香草可能会像其他植物一样受到病虫害的侵扰。一些香草，如莳萝和罗勒，是一年生植物。但大多数香草都是多年生植物，这些植物必须能够耐受冬季寒冷和夏季炎热的极端气候。如果你生活的地区冬季气候寒冷，而你想要种植一种娇弱的香草，如迷迭香，那么你可以在花盆里种植，让它在室内过冬。

适应你所在地区环境（土壤、温度、降雨量等）的植物，需要的特殊照料较少，更容易成功种植。本章末尾的"常见香草一览"有助于了解香草的特征及主要用途。

香草是可用于调味、品香、药用和观赏的植物（右图）。

香草很容易种植和养护，在一两年内就能打造出一个生机勃勃的香草花园，见下页图。

庭院景观中的香草

　　虽然有多种花卉和各样形态的观叶植物可以在花坛或边坛种植，但也可以考虑种一种香草，就像种植其他一年生和多年生植物或灌木一样。让芳香的香草，如薰衣草、鼠尾草的香气在空气中飘荡，可以将其种植在座位附近或敞开的窗户的上风处。将必须把叶片或花压碎才能释放香气的香草，如薄荷和鼠尾草，种

植在容易采摘的地方。如果香草能像甘菊、白兰地和牛至那样经得起人来人往的影响，便可以种在小径或露台的石板空隙中。也可以在墙壁或岩层的石头缝里种植香草，如匍枝百里香。还可以用棉杉菊或匍枝百里香作为阳光充足处的地被植物。一些香草的植株、叶片和花朵都很小，与石景园中常见的矮小的高山植物十分相称。

一些热门香草

用于烹饪

茴芹	罗勒	月桂
葛缕子	雪维菜	细香葱
芫荽	孜然	莳萝
小茴香	大蒜	柠檬香蜂草
柠檬草	独活草	马郁兰
薄荷（各种薄荷）	芥菜	牛至
欧芹	迷迭香	鼠尾草（各种鼠尾草）
酢浆草	龙蒿	百里香（各种百里香）

食用花卉

琉璃苣	金盏花	细香葱
旱金莲	迷迭香	堇菜
紫罗兰	鼠尾草（庭院鼠尾草）	
鼠尾草（菠萝鼠尾草）		

香味（*表示具有芳香花朵的香草）

罗勒	香蜂草	洋甘菊	
猫薄荷	*石竹（部分）	薰衣草	
柠檬香蜂草	柠檬百里香	柠檬马鞭草	
薄荷	牛至（比萨草）	*玫瑰（部分品种）	
迷迭香	棉杉菊	芳香天竺葵	
甜马郁兰	车轴草	艾菊	
龙蒿	百里香	青蒿	棉杉菊

装饰

艾	香蜂草		金盏花
细香葱	菊科植物		毛地黄
石蚕属植物	牛膝草		斗篷草
棉毛水苏	薰衣草		旱金莲
紫罗勒	紫松果菊		月季
芸香属植物	鼠尾草（各种鼠尾草）		棉杉菊
车轴草	百里香（各种百里香）		紫罗兰

香草可以使庭院的景观多样而有趣。如上图所示，毛地黄、缬草、棉毛水苏和罂粟花与观赏植物相得益彰。

厨房香草园

　　如果想将香草用于烹调，可以在厨房附近种植一些能食用和调味的香草。这种花园通常不需要很大，可以布局成几何形，也可以沿着小径或绕着露台种在边坛中。可以用木板或砖块在花坛间铺一条狭窄的小道，将花园分成多个区域，凸显几何形状，也更方便通行。

　　推荐的植物　毫无疑问每个人都会有自己最喜欢且想要种植的香草，不过，也可以考虑将牛至、鼠尾草、香葱、百里香、龙蒿这些多年生植物作为花园的基础。种植前首先要规划好空间，因为这些植物会在花坛里生长很多年，而且会在生长过程中在花园里繁殖。当植物幼嫩的时候，可以用一年生植物填充其间空隙（将高大的一年生植物种在不会遮挡其他植物的地方或过密的多年生植物幼苗周围）。如果任由花结籽，细香葱和牛至就会到处蔓生；也可以在花朵半开的时候剪

下花茎，倒挂起来晾干，作为室内的装饰花束。

　　香草园中的必备一年生植物有绿色或紫色叶片的罗勒、欧芹、高大的莳萝和多叶的香菜（又称芫荽）。一年生植物应在秋季方便清理干净且不会破坏多年生植物的地方种植。

　　有几种常见的香草是木质化植物，如迷迭香和柠檬马鞭草，它们虽然是灌木，却通常被认为是柔弱的多年生植物；月桂能慢慢长成一棵树；还有一种较为耐寒的迷迭香"阿尔琵"，可以种在冬季气候较寒冷地区的避风处，但都不能在严寒中越冬。如果你住在冬季气候寒冷的地区，应将这些脆弱的多年生植物种在花盆里，或在秋末把植物移栽至花盆里，将其移至室内越冬。每2～3年迷迭香和月桂需要换一次种植容器，因为植株会越长越大。

矮小的香草在这个马车轮子圈起的狭小空间里生长得很好。

厨房用的香草可以种在窗台上，就像在后院一样。

结纹园

　　如果你有足够的耐心，可以考虑打造一个香草结纹园。结纹园可以为你的庭院增添一个吸睛点，不过建造很耗时，维护也可能比较费力。如果对打造结纹园感兴趣，那么可以先在网上查询或向专业人士咨询相差信息，或干脆去一个结纹园参观、学习经验。

　　"结纹"指的是让低矮的树篱生长缠绕在一起，修剪整齐，形成相互联结的几何形状，如圆形或菱形。树篱看起来缠绕在一起，一丛在另一丛的上面或下面，就像打结的绳子。这是一种通过精心种植和修剪后造成的视觉错觉。在香草结纹园中，外部轮廓通常是由低矮的常绿香草勾勒而成，如石蚕或棉杉菊，这些植物勾勒的轮廓内可栽种其他香草，通常是对比色的观叶植物或花卉。可以打造一个纯装饰性的香草结纹园，或者装饰与实用双重性的结纹园，在内部空间种植烹饪用或气味芳香的香草，但当叶片、花朵或整株植物被采收使用后，花坛外观可能会受影响。除了种植香草，也可以在一年生植物采收后种植春季开花的鳞茎植物作为填充植物。

　　打造结纹园　首先进行整地，就像新的花坛

结纹园通常由低矮的树篱构成。如图所示，可以将植物种在规划的区域内，也可以使用彩色的石头和其他覆盖物填充其结纹内空间。

一样（详见第2章），用园艺专用石灰在土表标记出篱笆的轮廓。用绳子和木桩（木桩为中心，绳子作半径）画出圆或弧线，还可以使用直木棍或软管划出其他形状。先种植树篱植物，再在花坛中心种植。树篱植物可能需要一两个生长季才能连在一起。可以通过修剪茎尖来促进植物生长得更浓密，修剪的时间和次数取决于植物品种。专业人士可以帮助你选择合适的香草作为结纹园的树篱，也能传授你最好的修剪时机和技术。

盆栽植物花园

许多香草都可作为盆栽植物养护。如果园艺工作场地仅限于露台或阳台，那么可以在容器里种植薄荷、香葱、罗勒、欧芹和许多其他香草。容器种植可以实现在冬季气候寒冷的地区让月桂和迷迭香这样脆弱的草本植物顺利过冬。可以在一个容器里组合种植不同植物，将容器排成组，从而达到最佳效果。在庭院中放置盆栽植物可以增加花园的吸引力。只要对阳光和水分有相同的要求，便可以把不同的香草（或其他植物）组合种植在同一个容器里。试着用匍枝百里香或洋甘菊作为月桂树的地被植物；沿着天竺葵花盆边缘种植卷叶欧芹；将细香葱、欧芹和百里香混合种植在一个窗台花箱或露天栏杆箱中。

一年生香草和多年生香草的栽培方式与其他盆栽植物相同（见第 4 章）。要记住，容器底部必须有排水孔，土壤排水性良好，植物需要定期施肥，可能需要一天浇两次水，特别是容器放在阳光下时。

多年生香草和灌木或乔木也可以搭配种植在容器中。这些植物需要特别照料，以使它们年复一年保持健康。这些盆栽植物在室内越冬或全年在室内种植比较困难，因为即使有朝南的窗户，光照也不够充足。植物可能会存活，但生命力和香味会很弱，植物的茎和芽会很"细长"（由于叶片间隔太远而被拉长）。

为了确保越冬香草生长健壮，应将其放在补光灯下。使最上面的叶片置于灯管下面几厘米的地方，每天照射 16 ~ 18 个小时还要确保土壤不会变干，每个月给不断生长的植物施肥，但冬天不要给正常休眠的植物施肥。随着植物的生长，需要定期修剪，并重新移植到更大的容器中。

无论室内还是室外，盆栽香草花园都可以为空间增加实用性和装饰性（下图）。

开始种植香草

香草包括一年生植物、多年生植物、灌木和乔木，栽培和养护方式与同类型的其他植物相似。可以从园艺店购买植株，许多一年生和多年生香草也可以直接播种种植，如第 4 章所述。纯正的法国龙蒿、薄荷和牛至最好在园艺店购买。根据香草的种类不同，可以通过在花园中分根或插枝生根来增加植株的数量。许多种植在适度肥沃、排水性良好土壤中的香草，生根后几乎不需要过多养护。土壤排水不畅是导致许多香草死亡的原因，因为土壤积水容易引起根系腐烂（特别是在冬季）或引发真菌病害。如果土壤排水性不良，应将香草种植在高设花坛或容器中。

结合高设花坛和容器，如上图，就可以在很小的区域种植各种各样的香草。

种子干燥后会自动脱落，如下图。收集保存时，应在种球完全变成棕色之前装入纸袋里。

香草的采收

香草的叶片可以在整个生长季节进行采收。根据植物的不同和自己需要，可以采集一些叶片或剪下植株的一半或者更多。对于一些香草来说，适度采摘可以刺激新枝的生长，并延长收获期。尽量在早上采摘，此时叶片上的露水已经变干而温度还没有将植物中的美味油脂挥发干净。后文"常见香草一览"中有采摘特定香草的具体信息。

新鲜的香草可以通过浸水短暂储存，也可将叶片脱水后长期储存。可以用橡皮筋将一小把香草的茎捆在一起，放在干燥、通风良好的地方，避免阳光直射。可以将其挂起来以利于空气流动，定期翻动以确保均匀干燥，并检查是否霉变。当叶片变脆时，把叶片从茎上摘下来，放到有盖的罐子里。使用之前不要压碎叶片，因为挤压会令香草流失油脂。

收集香草的种子时，应在种子开始变成褐色时进行收集。把种穗捆成小捆，放进纸袋里，在茎秆处捆好。待种子变干后，就会自己脱落掉入袋子里。

其他保存香草的方法包括烘干、微波干燥和冷冻，可以咨询专业人士或查阅相关资料。

开始种植香草

购买植株种植

法国龙蒿	石蚕属植物
柠檬百里香	柠檬马鞭草
薰衣草	薄荷
牛至	欧芹
迷迭香	鼠尾草
月桂	百里香
冬香薄荷	

春天在户外直接播种

香菜	洋甘菊
雪维菜	细香葱
莳萝	柠檬香蜂草
夏香薄荷	

早春在室内直接播种

罗勒	欧芹
甜马郁兰	

常见香草一览

除非另有说明，下文所有植物均在阳光充足或有轻度遮阴以及肥沃、排水性良好的土壤中生长得最好。

一年生香草

罗勒 (*Ocimum basilicum*)

罗勒作为罗勒酱的主材料以及和西红柿的完美搭配而著名，但其实罗勒也有很长的药用历史，它曾经是治疗发烧和蛇伤的偏方，也常常用于平复肠胃不适和帮助消化。同时，罗勒是一种迷人的植物，其美味芬芳的叶片富有光泽，它植株强壮、多分枝，可以达到 60 ~ 90cm 高。甜罗勒是最常见的烹饪用罗勒品种，但各种品种的叶片大小、颜色、口味和香味各有不同。紫叶罗勒，与花园或容器中的其他植物组合种植很有魅力。在霜冻期过后，可以直接将罗勒种子播种在花园里，如果想提早收获，可以购买植株或在室内直接播种。可以在最后一次霜冻前 6 ~ 8 周在室内播种。如果在小白花开之前剪掉穗状花序，只采收叶片而不是整株植物，那么植株可以继续生长几个月。

罗勒

雪维菜

芫荽　莳萝

雪维菜 (*Anthriscus cerifolium*)

雪维菜细小的裂叶似蕨类植物，很像欧芹，雪维菜食用方法也同欧芹，但味道更像柠檬甘草，是制作沙拉和鱼类料理的常用调味料，也是法国香辛料的原料之一。这种植物能长到 30 ~ 60cm 高，在仲夏时开白色伞形花序，花序很快就能结籽，不能在炎热的天气中生长，所以应在早春和夏末播种。

芫荽 (*Coriandrum sativum*)

芫荽，又称香菜，是果蔬园必种的植物之一，能迅速长出许多像蕨类植物的叶片，然后在 30 ~ 90cm 高的茎上开出一簇簇灰白色的花。可以用新鲜采摘的叶片给沙拉和汤调味，常用于墨西哥菜和东方菜肴中。其有香味的种子碾碎后，也可以用来给各种食物调味。在早春直接播种，每隔 2 ~ 4 周播种一小块地，直到夏末，如此可确保持续供应。幼苗间苗相距 15cm，因为这种植物生长和收获的速度太快，所以不适合观赏。

莳萝 (*Anethum graveolens*)

西餐中，莳萝籽经常用于给腌渍食品和醋调味，此外也会用于制作一些面包，以及给鱼肉、羊肉和沙拉调味。莳萝蕨状叶生，发芽后很快就会长出芳香的、细碎的深裂叶，接着在仲夏时节抽出 90 ~ 120cm 高的花茎，上面是开着小黄花的伞状花序。新鲜切下的花茎和干燥的种穗都是漂亮的插花材料。应早春时在花园里播种，秋季收获的品种则应在仲夏时播种。如果想要收获种子，栽种时苗距间隔 46cm，如果只要叶片，则可以只间隔 10cm。莳萝很容易自我繁殖。

欧芹 (*Petroselinum crispum*)

常见的欧芹有意大利欧芹和卷叶欧芹两种，两种欧芹都有 30cm 高的花丛，裂叶细小精美。意大利欧芹的叶片为扁平状，比通常用作装饰的卷叶欧芹香味更浓烈。这两种植物都富含维生素 A 和维生素 C，都是二年生植物，在第二年就会长出高大的花茎，但大多数人都将其当作一年生植物种植。购买植株种植或在最后一次霜冻前 8 ～ 10 周在室内播种，幼苗间隔 20 ～ 30cm，保持土壤湿润。采收植株外侧的茎，中央的新生枝可以长期供应叶片。

甜马郁兰 (*Origanum majorana*)

甜马郁兰植株低矮丛生，灰绿色叶片可鲜食或晒干来给肉和醋调味，或作为提炼香水的原料。在夏天会开出不显眼的白花。甜马郁兰是多年生植物，但在寒冷的气候下作为一年生植物种在花盆或花坛中，是很好的边坛植物。在最后一次霜冻前 8 周开始在室内播种，或直接购买植株种植，pH 值中性到碱性土壤效果最好。

芳香天竺葵 (*Pelargonium* species and hybrids)

芳香天竺葵是多年生植物，许多品种的叶片都有强烈的香味，花丛 30 ～ 90cm 高。大多数芳香天竺葵都有稀疏但迷人的白色、粉红色或淡紫色小花。叶片用来调味，或制成香包和香熏。芳香天竺葵香味一般包括柠檬、酸橙、苹果、玫瑰、肉豆蔻、椰子、姜、薄荷。当地的园艺品店可能没有所有香味的品种，但他们可能会提供订购服务。购买植株用于花园或容器种植，等最后一次霜冻过后再将其移至室外。剪去茎尖，使植物茂密生长。在阴暗的环境下，植物的茎叶会变得非常细长。盆栽的芳香天竺葵在室内越冬时要放在阳光充足处，不要像在室外一样浇那么多的水。

多年生植物

香蜂草 (*Monarda didyma*)

如今，种植香蜂草主要是为了观赏，但其薄荷味的叶片也可以用来泡茶，并用于缓解发烧、感冒和肠道积气的症状。初夏时，它纤细、笔直、多叶的茎能长到 60 ～ 120cm，上面连续几周开放簇生的小管状花，颜色深浅不一，有红色、粉色、紫色或白色。香蜂草是一种很好的可作为花坛边饰的多年生植物，鸟类爱好者利用它来吸引蜂鸟。香蜂草在阳光充足的情况下生长旺盛，但在炎热地区还是应避免暴晒。购买植株时，确保买到喜欢的特定的花色。如果种植在肥沃湿润的土壤中，香蜂草可以耐受高温，但不能耐受干燥的环境。香蜂草植株通常会蔓延生长，形成大片的草丛。植物生长四五年后就会逐渐消亡，应进行分根并重新种植生长旺盛的幼苗，以保持花坛美观。较老的栽培品种易患白粉，这种真菌会损坏叶片，有碍观赏，但很少致命。

卷叶欧芹

意大利欧芹

玫瑰天竺葵

甜马郁兰

香蜂草

罗马洋甘菊

细香葱

韭菜

薰衣草　法国龙蒿

罗马洋甘菊 (Chamaemelum nobile)

罗马洋甘菊被孩子们称为彼得兔最喜欢的茶，也被用作草本地被植物。罗马洋甘菊能耐受轻微的人流，当被踩踏或被收割时，它会释放出刺鼻的气味。细裂叶多分枝，四处蔓生形成约 15cm 高的低矮的草垫。需要充足的阳光，耐热，在较干燥的土壤中生长得最好。

德国洋甘菊（Matricaria recutita）有和罗马洋甘菊类似的叶片和花，不过它是一年生植物，能长到 76cm 高。这是用来泡茶的洋甘菊，可以在花园里直接播种。与其多年生相近品种相比，应浇更多的水。

细香葱 (Allium schoenoprasum)

可以在晚春欣赏细香葱淡紫色的花，从春天到严霜期间，都可以剪下稍微有些洋葱味的叶片来做沙拉和汤。它纤细中空的叶片可以长到 30 ~ 45cm 长。可与细香葱有些相似的韭菜搭配种植。细香葱是强健的自播植物，在种子形成之前，将其剪下以防止入侵性生长。细香葱很容易在花园里或室内直接播种栽培，不过从朋友的花园里分出一丛来种植会更快一些。

英国薰衣草 (Lavandula angustifolia)

在园艺景观中，很少有植物能像在初夏盛开的薰衣草丛那样引人注目。在植物未开花的时候，狭长的灰色叶片组成整齐的约 60cm 高的圆形花丛很是漂亮。栽培品种的高度和花色各不相同，有粉红色、白色、淡紫色以及紫色的品种。薰衣草香味对人们的吸引力不亚于其外观，薰衣草常用于调味以及制作香水和化妆品，也用于发烧、烧伤和湿疹的治疗。自家庭院种植的薰衣草可采摘晾干后用于制作香囊和香熏——花一开就采摘花茎，捆成束挂在凉爽、阴暗、通风良好的房间里晾干。如果要种新品种的一年生植物，"薰衣草女士"，则可以在室内提早播种，然后移植到花园里，或者直接购买植株种植。薰衣草需要排水性良好的土壤，一旦生根就能耐受干旱。通常在炎热潮湿的气候下表现不佳。薰衣草在冬季气候温暖的地区是常绿植物。在冬季气候寒冷的地区，应将越冬时受损的嫩枝在晚春修剪去，只留健康的新生枝。

法国龙蒿 (Artemisia dracunculus var. sativa)

种植法国龙蒿是它因为美味的叶片，而不是它平庸的外观。这种植物的茎能长到 60cm 以上，覆盖着有光泽的、狭长的、深绿色、有强烈芳香的叶片。一株植物通过匍匐的根状茎慢慢地蔓延形成一小片。有茴香味的叶片用于制作沙拉酱、醋，还可用于鸡蛋、鱼和鸡肉等菜肴调味。龙蒿耐受贫瘠的土壤，但不耐干旱。真正的法国龙蒿很少开花，不能结子，所以需要购买植株或分根种植。种植后把植株修剪至想要的大小。不要种植俄罗斯龙蒿，这个品种的香味很淡，也不美观。

香料科属石蚕 (*Teucrium chamaedrys*)

石蚕过去是用作治疗咽喉疾病和发烧的一种茶叶（现在不推荐这种做法，因为食用会导致肝脏损伤）。石蚕是灌木状多年生植物，因其迷人的花朵和常绿或半常绿的植株备受喜爱。植株能形成整齐浓密的花丛，高和宽大约30cm。直立的茎上长着有光泽的、气味芳香的小叶片。石蚕可以种植成整齐的边坛或树篱，也可以修剪为一个特定的形状。在仲夏时节，一簇簇紫色的小花点缀在花茎上，吸引着蜜蜂。有一种"多茥草"，花是白色的，只有10～15cm高，可以伸展数倍高；"斑叶亮丝草"叶片白色、奶油色或有黄色斑纹。石蚕耐高温、贫瘠和干旱的土壤，但需要有良好的排水性。应购买植株种植。春天修剪植物，形成饱满、浓密的灌木，开花后再剪一次，以保持整齐的外观。

希腊牛至 (*Origanum vulgare* subsp. *hirtum*)

如果你喜欢地中海饮食，可以种植希腊牛至，这是常见香草中的一种特别辛辣的品种，多叶的茎高约60cm。如果播种种植这种植物，建议选择白花的品种。即便是在白花的品种中，香味和风味也会因细小因素不同而不同。为了保证味道好，要仔细选择植物。一种"金花"品种，只有30cm高，叶片气味淡，黄绿色很是惹人喜爱，作为花坛或容器的地被植物是不错的选择。牛至耐高温、耐旱。

绵毛水苏 (*Stachys byzantina*)

绵毛水苏过去用来为小伤口止血，如今它唯一的医用价值在于轻抚浓密的银灰色叶片，柔软如羊毛般的表面能给人带来心理抚慰。绵毛水苏花丛低矮，是理想的花坛、小径和天井的日常饰边植物，有羊毛触感的叶片使绵毛水苏成为儿童花园不可或缺的一部分。在晚春或初夏，大多数品种会在细小的叶片中抽出30cm高的花茎，上面开粉红色或紫色的花。有些人觉

得这些花很吸引人，但另一些人则为了更好地赏叶而修剪去花茎。"银毯"是一个不开花的品种。所有的栽培品种都能耐受高温天气，但湿度太高则会使叶片腐烂。购买植株，以30～46cm的间隔作为边饰种植。在春天或秋天把成熟的植株进行分根来增加植株。

希腊牛至

柠檬香蜂草 (*Melissa officinalis*)

柠檬香蜂草是一种薄荷，其根茎伸展缓慢，所以可以用于混栽。这种香草的叶片上有很多叶脉，有美味的柠檬味香气。可鲜食，用于给饮料、沙拉和鱼类菜肴调味。应定期修剪，直立的茎通常形成约60cm高的浓密的花丛。修剪还能去除不美观的花朵，防止植物入侵性的自我繁殖。可购买植株或者直接播种种植。

绵毛水苏

橙香木 (*Aloysia triphylla*)

橙香木的叶散发着如柠檬般强烈的香气，又叫柠檬马鞭草，在夏天可以开出一簇簇小小的淡紫色或白色的花。在冬季气候温和的地区，柠檬马鞭草可以长到3m高。应掐掉茎的生长点，形成茂密的植物丛。在冬季气候寒冷的地区，园丁们将柠檬马鞭草作为一年生植物种植在花园或容器中，在这些地区其生长迟缓，通常不开花，可以鲜食或干燥后食用，能给香包和熏香增加柠檬的香味。可以购买植株，种在排水性良好的土壤中。盆栽植物可以置于阴凉干燥、有光照的地方越冬。

柠檬香蜂草

石蚕

橙香木

薄荷 (*Mentha* species)

可以在许多种类的薄荷中选择种植品种，每一种都有不同的香味。除了熟悉的绿薄荷和胡椒薄荷，还有巧克力、橘子、苹果和菠萝香味的薄荷。如果你善于观察且有充分的耐心，就可以享受栽培和比较不同类型薄荷的乐趣。

绿薄荷（*M.spicata*）叶片呈深绿色，可长到90cm高。在夏天会长出螺纹状的粉红色、淡紫色或白色的小花。胡椒薄荷（*M.x peperita*）的叶片有的绿色、有的紫色、有的是夹杂着白色的绿色。这两种薄荷都具有很强的蔓生性。菠萝薄荷（*M.suaveolens 'Variegata'*）蔓生性较低，叶片夹杂着亮绿色和白色，非常惹人喜爱。建议购买植株种植，应将薄荷种植在庭院偏角处，这样即使广泛蔓生也不影响其他植物，或者时常控制其长势，将多余的枝条连根拔起。也可以在花盆里种植薄荷，然后把花盆埋入花坛中，可彻底防止蔓生问题。

绿薄荷

胡椒薄荷

迷迭香 (*Rosmarinus officinalis*)

迷迭香可用作调料，也可以泡茶或晾干制成香袋，还能给冬季花园的景观增添一抹亮丽的色彩。迷迭香树形直立，可以长到1.2~1.8m高，可以作为树篱或景观植物，既可以修剪造型，也可以任其"自然生长"。低矮、伸展的外形可以作很好的地被植物，或让其攀于墙上看起来也不错。所有的迷迭香植物都有芳香的针状叶片，

在冬春两季开小花，花期约几周。花有蓝色、淡紫粉色和白色。因为这种香草长得很慢，所以建议购买植株种植。迷迭香需要种在排水性良好的土壤中，在炎热干燥的条件下生长良好。应在春天修剪以控制植株的大小和形状。气候寒冷的地区可以在容器中种植迷迭香，放在凉爽但阳光充足的地方越冬。大多数迷迭香较耐寒，"阿尔普"品种在土壤排水性良好、有防护措施可以免受冬季寒风侵袭的地方可以安全越冬。

鼠尾草 (*Salvia* species)

鼠尾草有很多品种可以用于园艺景观或食用。一年生鼠尾草是花坛和容器栽培的常见植物，不过，多年生鼠尾草品种数量多于一年生类型。多年生鼠尾草包括草本和灌木两种类型。鼠尾草长期以来被用于烹饪和医疗，不过现代更多的是用于观赏。

庭院鼠尾草（*S. officinalis*）是一种茂密的多年生植物，高和宽约60cm，基部木质化。叶片小而狭长，芳香，灰绿色，可用于调味和茶饮。初夏时，这种植物会开出引人注目的花穗，花小，蓝紫色。在冬季气候温暖的地区，庭院鼠尾草是常绿植物，但是在冬季气候寒冷地区的植株地上部分会枯萎。可以在容器中种植鼠尾草，用作装饰品，或在排水性良好的花园土壤中大规模种植。还有一些栽培品种的叶片有金色，紫色和杂色。

其他几种鼠尾草较耐寒。草地鼠尾草（*S. pratensis*）是一种矮小的灌木，形成芳香的深绿色叶丛，花蓝色、紫色、粉色或白色。快乐鼠尾草（*S. sclarea*）是二年生植物。第一年长出一簇大的灰绿色叶片，第二年长出花茎。花朵小，白色，但其彩色的苞叶很有观赏性。可以在仲夏移栽自然生长的幼苗，并注意对花园中的鼠尾草进行护理。

许多鼠尾草是娇嫩的多年生植物，在

迷迭香   鼠尾草

适合生长的区域是常绿植物，在其他地方建议种在花盆中。从春季到夏季，克利夫兰鼠尾草（*S. clevelandii*）会形成圆形的灰绿色叶丛，生有高大的淡紫色芳香花塔。菠萝鼠尾草（*S. elegans*）是一种生长迅速的多年生植物，叶片深绿色，气味和口感都像菠萝。从夏末到霜降期间盛开的红花会吸引蜂鸟。

香薄荷 (*Satureja* species)

香薄荷有两种，一种是多年生植物，另一种是一年生植物，两种都可用作蔬菜和汤的调味料，也可用于制药茶。冬香薄荷（*S. montana*）是一种多年生灌木，在夏末开小花。能形成大约30cm高、60cm宽且有光泽的常绿叶丛，是香草园迷人的低矮树篱。应种植在排水性良好的土壤中。冬香薄荷能耐受轻度干旱。应在开花之前采收叶片。

夏香薄荷（*S. hortensis*）是一种一年生植物，茎上长着许多松散、纤细的灰绿色叶片，顶部有几朵小花。由于叶片和茎比其同属的多年生品种的味道和香气更温和，这种植物经常被种植在厨房花盆里供料理使用。

月桂 (*Laurus nobilis*)

这种小型乔木的叶子广泛用于烹饪。此外，月桂也是一种景观和盆栽植物。在冬季气候温暖的地区，月桂浓密的深绿色常绿叶片为其他植物提供了绝佳的背景。月桂可以修剪成标准的树篱或其他造型。如果任由月桂生长，它会慢慢长成一棵3～12m高的圆锥形的树。月桂还是一种极好的盆栽植物，可以通过修剪来控制其大小。月桂种在地里时，需要良好的排水系统，不过一旦生根就可以耐受干燥等各种土壤条件。在冬季寒冷的地区，在温度降到-6℃之前，盆栽月桂必须被转移到凉爽、光线充足的房间。

车轴草 (*Galium odoratum*)

车轴草可作为调味品，但现在更多地用来装饰背阴处，是多年生地被植物。欧洲人习惯在白葡萄酒中加入新鲜的车轴草嫩枝，但过量摄入这种香草可能会轻度中毒。风干的叶片能制作气味清新的香薰或香囊。车轴草能长到15cm高，伸展开来形成一层厚厚的芳香深绿色叶片，在晚春时节，叶片上会开出一簇簇白色的小花。车轴草在冬季气候温暖的地区一般是常绿植物。应将这种香草种植在部分或完全遮阴处。植株间隔30cm，通过葡匐枝和自播进行扩散，很快就会长满整片地。将它种在肥沃潮湿的土壤中可能会有入侵性。

百里香 (*Thymus* species)

人们种植各种百里香用于烹饪或观赏，大多数百里香都是低矮的多年生植物。

普通百里香30cm高，能形成直立的茎和狭长的灰绿色叶丛，在夏天开淡紫色小花。柠檬百里香叶片有浓郁的柠檬香味。羊毛百里香和欧亚麝香草都是很好的地被植物。不同百里香幼苗的香味不同，所以应选择最芳香的那些品种。也可以在最后一次霜冻前6～8周在室内播种种植百里香。百里香能耐受干旱，而土壤渍水很快就会致其死亡。在冬季气候寒冷的地区，干燥的冷风会冻死其嫩枝。如果没有积雪，应在冬天用松树枝或稻草覆盖植物。

月桂

车轴草

夏香薄荷

柠檬百里香

第8章

地被植物

地被植物能产生足够丰茂的茎、枝和叶以覆盖地面并防止其他植物生长，它在庭院景观中的利用率逐渐提升。对许多人来说，一块完美无瑕的丰美草坪才是庭院维护良好的象征，但越来越多的人发现了其他地被植物的用途和迷人之处。在那些草坪因缺光照、陡坡或气候干燥而难以生存的地方，地被植物却可以茁壮成长，因为地被植物只需要很少的水、养分和极少的照料，用来代替常见草坪植物可以节省更多时间和金钱。另外，还可以通过混栽来增加景观的多样性和趣味性。地被植物本身具有迷人的颜色和纹理，可以作为房屋周围、天井、露台和入口通道的漂亮装饰，也可以作为树木和灌木园林的"活"地毯，或者交织于花坛和边坛中。

地被植物简介

许多丰茂的多年生植物和灌木都可以作为地被植物。有些植物最初需要种植大量的幼苗，不过这些植物通常繁殖迅速。其他的地被植物，包括较高大的多年生植物和低矮的灌木，用较少的数量就能覆盖地面，不过其枝叶伸展得更宽。

地被植物有的不到3cm高，有的几十厘米高，有的叶片细如草，有的宽如盘。它们有各种深浅的绿色，还有银色、灰色、青铜色、黄色等。许多地被植物也能开出可爱的花朵，有的在夏天盛开犹如白雪，有的小黄花优雅如少女。常绿地被植物为冬季景观带来了一抹愉悦的色彩。还有一些多年生地被植物是落叶植物，即地上部分会在秋天落叶或枯死，但其迷人的树皮或分枝也依然令人赏心悦目，还能为过冬的鸟类或其他野生动物提供庇护。

可以利用地被植物的多样性去应对一些较难利用的空间，如阴暗、倾斜或干燥的地方。不过，选择地被植物不仅仅在于植物是否适合现有的栽培条件，还应考虑该空间的用途。

院子里是否要进行足球、排球、羽毛球、棒球等体育运动？或是在露台、天井举行派对？很少有地被

多年生常绿地被植物，如左边的这些石南花，它们有着多彩的叶片，一年四季看起来都很好看。

地被植物可以为庭院景观增添意想不到的美丽，如下页图。地被植物赋予了庭院颜色和纹理背景。

植物能和草坪一样适合体育运动或其他娱乐活动，所以如果有上述需求，庭院里仍需要保留足够的草坪。

　　但庭院里可能有许多地方不需要草坪那么耐用平整。活动区域或人经常走的地方，如天井和大门入口，可以考虑能承受偶尔踩踏的地被植物。对于更偏远的地方，可以选择较美观或更易于维护的地被植物。

　　全盘考虑　想象一下，一种地被植物在一年中，尤其是在冬天，会是什么样子，有什么作用。常绿地被植物是许多人的种植首选，因为全年都有叶子。观赏落叶灌木光秃秃的枝干和其他落叶多年生植物叶茎在冬天也别有一番景象。不过，在远处可能会比近距离更能领略这些风景。落叶灌木和多年生地被植物在休眠时并不像它们在旺盛生长时那样覆盖土表，而且一些多年生植物每年总会"消失"一段时间。

　　落叶地被植物也可以种在花坛和边坛，其外观在其他地方种植可能不太实用也不甚美观。藤本植物是被广泛运用的地被植物，但是维护一片茂密的、能抑制杂草丛生的地被植物需要很多时间并需要持续除草、修剪等工作。一旦扎根，藤本植物还会因其旺盛的生命力侵占生存空间。一年生植物只有在一年中的部分时间生长，所以主要被用作生长缓慢的多年生植物和灌木之间的临时性覆盖植物。

背阴处的地被植物

大多数草坪草虽然能耐受浓荫，但如果种在树下，草坪草会与树木争抢大量的水和养分。而许多受人喜爱的开花地被植物也能在阴凉处生长。在这些情况下，喜阴的地被植物逐渐成为了最受欢迎的草坪替代品。

常见的喜阴、常绿藤本植物或蔓生性地被植物包括草甸排草、英国常春藤、宝盖草、富贵草、长春花和扶芳藤。看起来像草的百合草可以耐受根系竞争。较高大的落叶植物包括各种玉簪属草本植物和一些蕨类植物，叶片斑驳或浅色的玉簪属草本植物可以使花园的阴暗处熠熠生辉。筋骨草、落新妇、铃兰和车轴草有五颜六色的花，落新妇在夏末和秋天都有很迷人的果穗。一些地被植物，例如杂色的羊角芹，生长较缓慢，在阳光充足的地方生长困难，但在阴凉处反而生长良好。

耐阴的地被植物，如长春花或桃金娘，在树下形成了绝佳的景色。

斜坡处的地被植物

对植物来说，斜坡的生存环境转恶劣，因为此类地形处土壤贫瘠、暴晒、风大，站在斜坡修剪植物也很麻烦。不要在大于 20° 的斜坡上尝试种植草坪，应种植更适合该场地条件的地被植物。

常见的斜坡地被植物包括亚洲茉莉、常青藤、扶芳藤和富贵草，这些都是常绿植物。杜松和黄杨叶枸子都是很实用的灌木植物。各种各样的冰叶日中花，花色鲜艳夺目，在冬季气候温和的地区可广泛种植。匍匐迷迭香在冬季温和的地区也是一种迷人的地被植物，在冬季和春季有常绿的叶子和淡紫苏色的花。其他还包括马鞭草、长春花、金银花、黄花菜、月见草、十大功劳属植物、小冠花、各种景天属植物和金丝桃。一旦生根，这些地被植物就会形成一片根系网，保护土壤免受风雨的侵蚀。

斜坡处的地被植物，如这种匍匐桧，往往能耐受稀薄的土壤、暴晒和大风环境。

适合较干燥土壤的地被植物

人们越来越意识到维护住宅花坛，特别是草坪需要消耗大量的水。耐旱的地被植物可以帮助减少水的使用量，同时增加景观的多样性。耐旱植物很适合种在斜坡，特别是斜坡可能比附近区域更干燥、更难人工浇水。

较适合在干旱地区种植的植物包括蓝羊茅、香漆树、金菖蒲、黄杨叶栒子和杜松。郁金香、月见草和马鞭草能开出色彩缤纷的花朵。许多低矮的景天属植物也是如此，这些植物长有独特的肉质叶片，在花朵凋谢后显得更好看。鼠李、马缨丹和非洲雏菊可种在较温暖的地区。在北方，扶芳藤和长春花的蔓生茎会很快长满干燥的地面。

勋章菊耐旱、耐贫瘠土壤，在夏秋两季盛开，为庭院景观增添明亮的色彩。

可以在上面行走的地被植物

很少有地被植物像草坪一样耐久，但有些品种能经得起偶尔的人流来往，可以在低人流量的区域种植这些较为强壮的植物作为户外"垫毯"，或在道路和天井的石板、红砖或其他铺路材料之间种植。

百里香能形成低矮的木质草垫，上面覆盖着细小的、芳香的叶片。委陵菜的草莓样叶片可能更持久，在春夏时期还会盛开无数的黄色花朵。可以在小路或天井的石板间尝试种植一些。其他一些能耐受人流踩踏的地被植物包括筋骨草、甘菊、海石竹、草血竭、丛生福禄考、香雪球和车轴草。

能轻微踩踏的地被植物还有绿珠草。大多数绿珠草都能忍受轻微的人流踩踏，但不像草坪那么强健。

引人注目的地被植物

将地被植物种成有一定宽度的带状，可作为独立的花坛、人行道或车道的饰边，或作为装饰性元素给特定的场景增添色彩和纹理。大片种植的刺柏或蓝羊茅会呈现出波浪起伏的视觉效果，与附近的草坪形成鲜明的对比。大片的玉簪花、新春花、紫罗兰或蕨类植物逐渐过渡到林地花园，像草地一样的野花花坛可以使一个小后院熠熠生辉。一年生植物如百日草、勋章菊和旱金莲可以在生长缓慢的植物长成期间作填充植物，它们能在较短时间迅速长出多彩的花或叶片，在冬季气候温和的地区则开花时间更长。通常在花园边坛

这些彩叶草和凤仙花可以给景观环境增添色彩和纹理。

种植的多年生植物，包括黄花菜、耐寒天竺葵和月见草等，它们生命力旺盛，无需投入过多精力照料。

种植地被植物

想要养好地被植物很大程度上取决于对植物的选择，与其他植物一样，适应所在地区条件的植物所需的养护工作更少，更易存活。地被植物通常大面积种植，与其试图人工改善过湿或过干的土壤，不如选择适合该土壤条件的植物种植。当然也可以整地，毕竟肥沃的土壤对任何植物都有好处。请记住，地被植物花坛很难除草，所以在种植之前要彻底根除杂草。

在需要种植许多矮小植物的地方，先像花坛一样进行整地（见第 2 章）。对于较大的地被灌木，最好是准备单独的种植坑。坑应比植物的根球稍微大一些，如果是在原生土壤或新房子周围种植，可先挖一个宽而浅的坑，接着进行松土，再将堆肥、干粪肥或其他改良物放入底部或侧面，以促进植物根系向外和向下生长。

在根系较浅的树下种植地被植物需要注意，不要大面积深挖树下土壤，如果开始种植的是像富贵草这样的小型地被植物，可以先在树下铺 10～15cm 的表层土再种植。这种深度会给植物一个好的生长环境。添加表层土不要超过 15cm，因为这样有可能会闷死树根。对于较高大的植物，如玉簪花，可以挖单独的坑，尽量避开树根。因为新植物将与树木争夺营养，应另

外掺入堆肥、干粪肥或其他改良剂，确保植物有充足的营养。

从种植植物开始

种植地被植物实际上和其他植物没有什么不同，只是在更大的面积上种植更多的植物，所以第 3 章中关于种植和护理的建议同样适用于此。但请注意以下几个要点。

尽量购买地被植物植株种植。很少有人在室内播种种植地被植物，因为通过直接播种种植的方式很难培养。需要的植物数量取决于所使用的地被植物的

观赏草

许多观赏草都是很好的地被植物，但较大型的种类需要相当大的空间才能实现这一功能。在住宅区，一些较大型的草种植在一起会占据很大的空间，此外它们更有可能成为景观的重点或焦点，而抢了地被植物的风头。较小型的观赏草对于普通的家庭景观来说更实用。这两种草类在"地被植物一览"中都有介绍，它们也能耐受普遍的种植条件。

用植株种植而不是播种种植地被植物。植株越大、越健壮，覆盖该区域的速度就越快。

错行移植地被植物，确保植物长成后覆盖更均匀。

通过将已有的植物进行分根来扩展地被植物。

类型以及种植面积。将一张按比例尺绘制的场地平面图交给园艺店，店员可以估算出需要种植多少株地被植物。

种植地被植物　移栽幼苗时，错开排列，根据成熟植株的大小以一定间隔种植。虽然植物的间距越近，长满给定区域的速度就越快，但植物全部成熟时过密的环境会使植物变得不健康或不美观。一定要在春季定期给幼苗浇水，即使是耐旱的植物也要浇水。用堆肥、树皮屑或剪下的草覆盖根部，以保水和控制杂草。当种植大量植物时，首先铺上覆盖物，然后挖穿覆盖物，种植植物。应使覆盖物远离植物冠部，以避免发生病害。如果种植的是较高大、生长缓慢的地被植物，可以考虑在植物间种植几季的一年生地被植物。可以种植那些不会因为长得太高而遮蔽地被植物幼苗的一年生植物。

在斜坡上种植　在平缓的斜坡，可以通过在坡面拢起土堆来建造小"梯田"，把幼苗固定在平整的位置，直到根系在土中扎牢。在比较陡峭的地方，可以在每棵植物下面铺上一块木板，或者堆放几块石头。交错种植有助于防止水分沿直线流失，从而避免土壤侵蚀。厚重的地被植物也会减小风雨对坡面土壤的影响。如果场地特别陡峭，并且多风多雨，可以考虑用透水性好的园艺防草布或网状材料覆盖土壤。铺开织物网，在材料上剪一个"+"号，将植物穿过豁口，可减少风雨影响。

扩种地被植物

有些植物用地上的茎繁殖，这种茎叫作匍匐枝或匍匐茎。为了促进匍匐枝的形成，可以在生长节点上进行压条，一般为茎上发育叶片或树枝的肿胀处，但不要从母本植株上切断。定期给周围的土壤浇水，在生长节点处就会形成根系。当对节点轻拉茎会产生阻力时，可以将这些新枝从母本植株上剪下，挖出来后进行移植。

一些地被植物通过被称为根状茎的地下匍匐茎进行扩散。把这些植物的新生植株连根挖出来，切断与母本的连接，然后移植。丛生植物，如黄花菜和玉簪花，可以按照第4章的方法进行分根，分根的目的在于扩大种植面积。

在斜坡上种植、筑花坛会有不错的效果，可利用石墙或土堆筑在适当的地方。

常见地被植物一览

下面介绍一些容易种植的地被植物。

筋骨草 (*Ajuga reptans*)

　　筋骨草是一种矮生，适合为花园铺面的多年生植物，叶面光滑，在冬季气候温和的地区常绿。植株直立，穗状花序密被小花，在 5 月会长得非常艳丽。"阿尔巴"有绿色的叶片和白色的花；"青铜之美"有着黑古铜色略带紫色的叶片和蓝色的花。筋骨草可种在阳光下或阴凉处。种植时植株间隔 20 ～ 30cm。花凋谢后剪掉。筋骨草蔓生迅速，会入侵草坪，除非沿着边缘不断修剪或增设围边。很容易就可以用生根的葡匐枝培育新植株。

筋骨草

岩白菜 (*Bergenia cordifolia*)

　　岩白菜是一种多年生植物，常被用作特色植物或地被植物，能形成 46cm 高、60cm 宽的草丛，叶片大、有光泽，有热带风情。夏天叶片是绿色的，但在秋天变成亮红色。在冬季气候温和的地区，叶片在整个冬季看起来都很好看。在晚春时节，

岩白菜

一簇簇白色或玫红的花朵在叶片上方盛开。栽培品种有"布雷辛汉姆白"，花白色；"布雷辛汉姆红宝石"，花和叶略带红色，背面栗色。岩白菜喜欢部分遮阴处，在夏季气候凉爽的地区喜欢充足的阳光。注意在干旱期补水。根状茎种植时相距约 38cm，通过给茂密的花丛分根繁衍。

蓝羊茅 (*Festuca glauca*, also sold as *F. ovina* and *F. ovina* var. *glauca*)

　　蓝羊茅是一种整齐、紧凑的多年生草本植物，能形成浓密的叶丛，叶片薄，蓝绿色，株高约 30cm，蓬径可达株高的 2 倍。作为地被植物大规模种植时，呈现出大片起伏的小草丛。纤细的花穗在初夏出现，很快就变成褐色。"海胆"是一个很受欢迎的品种，叶片蓝色。蓝羊茅需要充足的日照和排水性良好的土壤，能耐受干燥的环境。种植时间隔 30cm。在冬末把老枝修剪至地面。只有当植物变得过密时，才给草丛分根。

海石竹 (*Armeria maritima*)

　　海石竹是一种多年生常绿植物，能形成草状叶片，叶片狭长。春天，瘦长而结实的茎上长出圆球状的玫瑰粉小花。植物可以长到大约 15cm 高，伸展较慢，但能伸展至约 45cm。这种植物需要充足的阳光和排水性良好的土壤，但几乎不需要施肥或浇水。每棵植株之间相距约 30cm。海石竹也称为海簪，在水岸边生长得很好，在春季或秋季为植物分根。

蓝羊茅　　海石竹

枸子属植物 (*Cotoneaster* species and cultivars)

枸子属灌木丛是迷人的地被植物。熊果（*C. dammeri*）株高不超过30cm，但繁殖迅速，能覆盖3m宽的区域。明亮光滑的常绿叶片在寒冷的天气里变成紫色，在春天开白色的花，在秋季结红色的浆果。枸子属植物在完全或部分日照条件下生长良好，并能耐受干燥的环境，非常适合种植在斜坡处。植物之间间距90 ~ 120cm，必要时可以修剪以限制植物的繁殖。

细尖枸子（*C. apiculatus*）和小叶枸子（*C. horizontalis*）是两种落叶性近亲，后者株高更高（30 ~ 90cm），秋天的红色叶片很引人注目。柳叶枸子（*C. salicifolius*）的几个紧凑型栽培品种作为地被植物在冬季气候更温和一些的地区进行栽培。这些品种包括"翡翠地毯""白三叶"和"猩红领袖"，它们都不到60cm高，蓬径可达240cm宽。

黄金钱草 (*Lysimachia nummularia*)

这种多年生蔓生植物能形成一张绿色的圆叶垫。在初夏，鲜艳的黄花会持续一个月左右。"金叶过路草"的叶片是黄色的。这种植物在全遮阴或部分遮阴环境生长良好。种植时植株间距约20cm。黄金钱草喜欢潮湿的、排水性良好的土壤。茎接触土壤就会生根，并迅速扩散。

英国常春藤 (*Hedera helix* selected cultivars)

只要控制好生长速度及范围，这种常绿藤本植物是一种极好的地被植物。常春藤有很多品种，所以一定要购买推荐作为地被植物的品种。有些常春藤，比如"桑戴尔"，叶片很大，5 ~ 10cm长。"波罗的"和其他品种的叶片较小。一些叶片很小的常春藤生长得很慢，适合在较小的区域种植。在夏季气候凉爽的地区，常春藤可种植在日照充足处，在气候炎热的地区

则种在完全或部分遮阴处。种植间隔20 ~ 30cm，第一年定期浇水。你需要每年修剪几次已生根的植物，使植株保持在界限内。有些常春藤品种可以大面积修剪。阿尔及利亚常春藤（*H. algeriensis*）和波斯常春藤（*H. colchica*）在较温暖的气候中通常用作地被植物。

月见草 (*Oenothera speciosa* and *O. fruticosa*)

这些植物传播迅速，多叶的细茎能形成浓密草丛，在整个夏天开着令人赏心悦目的花朵。花期过后，茎会枯萎，到了秋天，植物又会长出一层新的、矮生略带红色的叶片。*O. fruticosa* 品种则更高（可以长到60cm）也更耐寒，开黄色的花。*O. speciosa* 品能长到30cm高，较耐寒，开白色或粉红色的花。两种月见草都是在白天开花，需要充足的阳光。植株间隔30 ~ 60cm。它们能耐受高温和干旱。为了防止这两种植物占据太多空间，特别是在土壤肥沃湿润的花圃中，要在植株周围地下设置一道深20cm的屏障。

枸子

黄金钱草

月见草

英国常春藤

屈曲花

屈曲花 (*Iberis sempervirens*)

这种多年生植物能长成茂密的常绿叶丛，叶片细长，有光泽，在春季开放一簇簇亮白色的花朵。栽培品种的高度 10 ~ 30cm 不等，伸展开可达 90cm。有几个品种可以在秋天再次开花。屈曲花需要充足或部分阳光的环境和排水性良好的土壤。植株间隔 60cm。在植物开花后剪掉植株的上半部分。不需要过多养护。

蕨类植物 (*Various genera*)

这些无需护理、生命力强的多年生植物是背阴处极好的地被植物。蕨类植物可长成一大片与众不同的精美叶状丛，呈现出各种迷人的绿色。常绿蕨类植物包括圣诞耳蕨（*Polystichum acrostichoides*）和边缘鳞毛蕨（*Dryopteris marginalis*），这两种蕨类的叶状体都有光泽，株高约 60cm。落叶性蕨类包括铁线蕨（*Adiantum pedatum*）和纽约鳞毛蕨（*Thelypteris noveboracensis*），可达 60cm 高；还有一种草香碗蕨（*Dennstaedtia punctilobula*），这种植物生长旺盛，可长到 60cm 高，其叶片在剪切时散发出一种香草味。蕨类植物需要遮阴，喜欢生长在有机质丰富的土壤中。可以咨询专业人士，了解哪些蕨类植物在你所在地区生长得较好。

蕨类

狼尾草

矮生羽绒狼尾草 (*Pennisetum alopecuroides dwarf cultivars*)

这种多年生草能长成拱形的叶丛，夏天绿色，秋天金色或红褐色。蓬松的粉红色、白色、奶油色或黑色的花穗从仲夏到秋季在弓状茎上盛开。花穗在秋天变成褐色或金色。矮生品种如"哈默尔恩"和"卡西恩"的植株高和宽均达 30 ~ 60cm，花茎高 90cm。"小兔子"能形成不到 30cm 高的草丛。羽绒狼尾草需要充足的阳光和肥沃的土壤，不过也能耐受干燥的土壤，在炎热的气候下避免直晒。植株间隔 46 ~ 61cm。叶片和种穗在冬季看起来很好看。在深冬时把花丛剪至地表。

杜 松 (*Juniperus* selected species and cultivars)

这些健壮的矮生灌木非常适合作为地被植物。许多品种能伸展到 180 ~ 300cm 宽，有的能无限制地蔓延，只要枝条接触到地面就可扎下根。多刺的针状或鳞状叶片紧贴在细枝上。叶片颜色有亮绿色、蓝色、银灰色，有的接近金色。大部分杜松都需要充足的阳光，少数可耐光照不足。许多矮生型杜松耐受高温、干旱和贫瘠的土壤，但耐受性、生长速度和耐寒性各不相同。无论是岸刺柏（*J. conferta*）还是平枝圆柏（*J. horizontalis*）的栽培品种，比如"巴尔港"和"皱皮桧"都可以在家种植，但是要查看植物特性，或咨询专业人士，以确定哪种杜松在你所在地区表现最好。

杜松

紫花野芝麻 (*Lamium maculatum* cultivars)

　　这种多年生植物从早春到晚秋都有着较好的外观，是一种很有吸引力的地被植物。"银色灯塔"能形成矮生心形银色叶片，叶片边缘绿色。一簇簇淡粉紫色的花在初夏盛开。"白南希"有着与"银色灯塔"相似的叶片和白色的花朵。"契克斯"花朵粉红色，叶绿色，沿着中心有一条白色的条纹。紫花野芝麻的高度在30cm左右，通过根状茎或匍匐茎进行扩散，形成一大块花丛。需要提供部分遮阴和湿润土壤。植株间隔20～30cm。如果植物长势不佳，可以把植株剪短，很快就会长出新的叶片。

铃兰 (*Convallaria majalis*)

　　长久以来，铃兰都广受人们的喜爱，在仲春时节开一朵朵芬芳的钟形白色或浅粉色花朵，花期持续几周。植株能长到大约20cm高，整个夏天看起来都很好看，秋天结红色的浆果。铃兰很适合种植在灌木和乔木下作为地被植物。虽然花很小，但因为有香味，可以剪下插瓶，注意当枝条上四分之一的花开放时就可将其剪下。铃兰在部分光照或背阴处生长旺盛，可以种植在未经改良的普通土壤中。它能耐受干燥的环境，但如果土壤太干燥，植物可能会提早休眠，在仲夏就枯萎。应在秋季种植小根状茎，也称为种子。这种植物很容易传播繁殖，而且也可以很容易地整株拔起进行移植。铃兰在寒冷的气候中具有入侵性；炎热或干燥的环境条件可以抑制其入侵性。要注意，这种植物全株都有毒。

阔叶山麦冬 (*Liriope muscari*)

　　阔叶山麦冬能形成草丛，叶片常绿，在夏末结出花穗，上面开有小花。植株能长到30～60cm高。金边阔叶山麦冬的花淡紫色，叶片边缘有细条纹，从金黄色逐渐变成乳白色。阔叶山麦冬在部分日照环境下生长得最好，也能耐受完全背阴。幼

苗种植间隔10～15cm；容器种植的植株间隔约30cm。植物能在短时间内耐受干燥的土壤。应在早春时修剪或剪去老树叶。

　　匍匐茎种类的山麦冬矮小，花朵不显眼。通过匍匐枝进行繁殖，形成浓密的叶丛。匍匐山麦冬是一种入侵性植物，不适于在花坛种植，但在很难生长草坪的树木下生长较好。

丛生福禄考 (*Phlox subulata*)

　　丛生福禄考是一种优良宿根观花地被植物，在春天开出粉红色、白色或淡紫色的小花，能形成大约15cm高的浓密的草丛。可以经受轻微踩踏，在庭院或人行道上的石头周围缓慢地生长。这种植物也很适合种在斜坡或山腰，或可以从岩石中长出来，展示其炫目的花朵，充分发挥其优势。丛生福禄考需要充足的阳光和沙质土或排水性良好的土壤。植株间隔约30cm。很容易进行分根和移植来扩大所覆盖的区域。

　　另外两种园艺栽培种的福禄考也很适合种在落叶乔木下。野生美洲石竹（*P. divaricata*）能长到20～30cm高，在春天开淡蓝色到白色的花，花期可以持续几周。匍匐福禄考（*P. stolonifera*）叶片较窄，根据品种的不同，花有蓝色、粉红色和白色。这两种天蓝绣球都喜欢遮阴环境和潮湿的土壤。

铃兰

金边阔叶山麦冬

紫花野芝麻

丛生福禄考

富贵草 (*Pachysandra terminalis*)

这种地被植物叶片常绿，有光泽，慢慢地蔓延长成密集的小块草丛，大约20cm高。春天，匆匆地开放少量白色的小花。种植在乔木和灌木下或周围很合适。"银边"是一个很可爱的品种，叶片浅绿色，边缘银白色；需要完全或部分遮阴的环境和排水性良好的土壤。在春天或秋天种植。种植前需要先应进行整地，然后在整个区域铺上5cm厚的覆盖物。在覆盖物上挖洞，每1平方米种植4株植物。最初的两年用手除草，之后就无需费心照料了。

景天 (*Sedum, selected species and cultivars*)

这种多年生植物低矮，有蔓生性或扩展性，是很好的地被植物。景天有独特的肉质叶片，通常常绿，开漂亮的小花，有时有迷人的种穗。叶片的颜色从浅绿、黄色到紫色或青铜色不一。一些常绿景天的叶片在冬天会变色。常见的佛甲草通过匍匐茎蔓延，长成一片15cm高的半常绿叶丛。一些品种有不同颜色的叶片。"龙血竭"叶片紫色，花粉红色。在夏末，堪察加景天有黄色的3～5cm宽的花簇。种植条件和间距因品种而异。地被植物品种通常很容易种植，而且鲜有养护问题。

香堇菜 (*Viola odorata*)

香堇菜因其迷人的香味长期以来一直备受人们喜爱，通过匍匐茎和种子扩散长成一小片约10cm高的草丛。叶片深绿色，心形，在冬天温暖的气候环境下常绿。花朵有白色、深紫色或蓝色，在早春开花，通常在秋天再次开花。种植时应有充足的阳光，在夏季炎热的地方应遮阴。香堇菜能适应大多数土壤条件。在温和的气候条件下，香堇菜可能具有一定的侵入性。

景天

富贵草

香堇菜

马鞭草 (Verbena species and cultivars)

马鞭草是常绿落叶植物，亦可作为地被植物，特别是在炎热、干燥、野生生长的地区尤其如此。从初夏到霜冻时节，蔓生的茎上覆盖着一簇簇淡紫色、紫色或红色的花朵。品种 *V. canadensis* 可达30cm高，有粉红色的花，是干燥向阳山坡处的明智选择。杂交品种"家园紫袍"（Homestead Purple）株高不超过30cm，在炎热潮湿的气候条件下生长良好。"美女樱"（*V. hybrida*）作为一年生植物种植，随处可见，可以用作临时的地被植物。株高不到30cm，有一系列鲜艳的花色可供选择。所有的马鞭草都喜欢充足的阳光和排水性良好的土壤。

长春花 (Vinca minor)

长春花是一种用途广泛的地被植物，喜阴凉处或部分阴凉处，在炎热的气候下和干燥的土壤中亦生长良好，也很适合斜坡处种植。叶片皮质，常绿，小而有光泽，植株大约15cm高。晚春开淡紫色花，可持续几周。不同品种的花和叶的颜色各不相同。生根后，除了需要控制长势之外，完全不需要照料。长春花每年可以伸展60~90cm。蔓长春花（*Vinca major*）较高大，叶和花也大，喜欢潮湿的土壤，具有侵略性。两种品种植株之间相距约为15cm。两者都很容易通过分根进行扩散。

细辛 (Asarum species)

细辛是一种喜阴湿的多年生草本植物。东部细辛（*A. canadense*）是落叶植物；宽大的心形叶片似乎漂浮在细长的茎末端。欧细辛（*A. europaeum*）是常绿植物，绿色叶片小而有光泽。两种细辛的花都不显

眼（隐藏在叶片下面），而且都生长缓慢，要过好几年才会长得茂密，所以要准备好时常除花坛中的杂草。它们需要湿润但排水性良好的土壤。植株间隔30cm。生根后就不需要进行常规护理了。

扶芳藤 (Euonymus fortunei cultivars)

扶芳藤有灌木和藤本两类，有许多品种都是良好的地被植物。扶芳藤叶片常绿，光滑，有各种颜色。一些著名的品种包括："加拿大金"，株型紧凑，绿色叶子边缘有黄色宽条纹；"多彩扶芳藤"是一种蔓生性品种，在秋冬季节叶子呈深紫色；还有"象牙"，它长得低矮，能蔓延生长，叶子边缘镶着白色，冬天渐变成粉红色。常见扶芳藤变种（*radicans*）的生长习性千变万化，可以四处蔓延、攀爬墙壁，也可以生长成浓密的灌木丛，具有侵略性。扶芳藤对环境并不挑剔，能在阳光充足和遮阴处生长，耐旱，在山坡上也能生长良好。扶芳藤需要排水性良好的土壤。蚧壳虫可造成植物损害或死亡。在冬季寒冷的地区，植物的叶子和茎会遭受冻害，在这种情况下，应在春天修剪掉所有受损的嫩枝，促进新枝生长。根据需要进行修剪，以保持树形。

长春花

细辛

马鞭草

扶芳藤

第9章

乔木和灌木

乔木和灌木在庭院造景设计中占有特殊的地位，是很实用性很强的植物。这些植物为庭院遮挡风、雨、雪，打造私密空间，遮掩附近的不雅之物，并为鸟类和其他野生动物提供食物和避风港。但还不止于此。小时候，我们在连翘丛中找到隐匿之处，在高耸的橡树上悬挂绳索荡秋千。后来，我们期待着春天第一朵杜鹃花的绽放，欣赏着秋天红果树火红的叶片。炎炎夏日，我们在枫树下乘凉。冬天，云杉、侧柏和紫杉鲜艳的常绿叶片缓解了北方被白雪覆盖的单调景致。在许多地区，观花乔木芳香的花朵是春天的信号。乔木和灌木往往会相伴一生——因此一定要仔细挑选。

落叶树还是常绿树

落叶还是常绿，是树木和灌木最常见的分类方式之一。

在生长季节末期落光叶子的植物称为落叶植物。枫树、白蜡树、桦树、栗树、橡树和海棠树是几种常见的落叶乔木。漂亮的落叶灌木有丁香、连翘、绣球花、假橙、漆树、贴梗海棠和绣线菊等。

叶片全年不会脱落的植物称为常绿植物。这些植物也会落叶并重新长出叶子，但通常一次只有一部分。当说到常绿植物时，人们可能想到的是松树和云杉之类的针叶树——这种植物叶片常绿，像针一样细，或者像鱼身上的鳞片一样小而成层状。有些针叶树能结木质球果，里面是种子；其他植物，如紫杉会结出肉质果；而杜松会结出蜡质浆果。还有许多阔叶常绿植物，在冬天气候温和的地方普遍种植，其叶子大小和形状各不相同。阔叶常绿植物包括杜鹃花、大部分品种的冬青树、一些品种的橡树、柑橘和山茶花。

常绿植物和落叶植物的区别并不鲜明。在许多灌木和乔木中，既有落叶树种也有常绿树种。此外，在气候温和地区生长的常绿灌木在冬季寒冷地区脱落部分或全部叶子则称为半常绿植物。

落叶乔木，如左图中的糖枫，在秋天落下叶片。

乔木和灌木打造出美丽的庭院景观（下页图），还能带来实际的好处，如增强隐私性、打造野生动物的栖息地，还可以遮挡夏季的烈日阻挡冬季的寒风。

乔木还是灌木

乔木和灌木之间并没有明确的分界线。一般来说，乔木只有一个主茎或树干，可以长到 1.83m 以上；灌木则较矮，有多个主茎。不过也有例外，代茶冬青是一种小型的常绿乔木，可能有多个主茎,而低矮的"灌木状"杜松可能只有一个主茎；杜鹃花可能长得比许多小型乔木都高，而一丛紫丁香可能高过小型观花樱桃树。有些植物既可以是乔木也可以是灌木，这取决于如何修剪和整枝。我们大多数人在看到一棵树的时候，会根据高度、生长习性和园林用途进行常识性判断，从而辨别它是灌木还是乔木。

乔木、灌木庭院造景

常绿植物和落叶乔木及灌木都是用途广泛的植物。它们经常定义我们的地产边界，并在边界内划定休闲、娱乐和其他的活动空间。树木和灌木有各种各样赏心悦目的叶片、花朵和树形，种植它们不仅美观，也很实用。

林荫树

大型落叶乔木	大型阔叶常绿乔木
洋白蜡	蓝桉
榔榆	美国冬青
皂荚树	槲树
红枫	广玉兰
银杏	
猩红栎	小型阔叶常绿乔木
	银合欢
小型落叶乔木	橄榄
山茱萸	花楸
紫荆	代茶冬青
银钟花	
花红	
豆梨	

打造树荫

在树木给我们带来的所有效用中，最受赞赏的莫过于它能为我们遮挡烈日。茂盛的树冠可以将其下方的温度降低9℃左右。根据上午、中午或下午的光照进行适当选址而种植，即使在炎热的夏天，树木也可以使庭院或露台成为受欢迎的休憩处。上午和下午的树荫也可以防止室内的热量积聚，减少开空调的费用。在冬季寒冷的地区，落叶树是理想的选择——夏天为房子遮阳，冬天落叶后，让阳光照进房子更暖和。你也可以种植乔木和灌木来给喜阴植物提供生长场所。

在选择树木时，应考虑你想要的树荫类型。枝干低矮、枝叶茂盛树木的树冠，如落叶山毛榉、挪威枫和常绿的广玉兰都能投下浓荫，但很少有植物能在那里生长。红橡树、蜜蝗、肯塔基咖啡树、绿白蜡和一些品种的洋槐和桉树的叶子小，树形直立，根系较深，带来令人轻松的气氛。从这些树木投下的斑驳阳光让人们愿意树下小聚，也使得大量的植物可以在下面生长。

我们通常认为针叶树不是能遮阴的树，因为许多针叶树的树冠都不伸展，下面没有足够的空间供人休息（除了一些长成的松树）。其叶片细但很浓密，经常投下浓荫，这对许多林下植物来说是不适宜的。不过，通过利用这类植物打造错落的补充树荫，可以有效地给庭院降温，或缓解房子向阳面热量的聚集。

落叶乔木在夏天形成树荫，有助于给房子降温；秋天树叶脱落后阳光直射，冬天房子会更暖和。

乔木下的花坛

拥有大型遮阴树或茂密林地的房主经常发现在这些地方种草很困难。其实可以利用这些地方打造小树林或野生花园，再加上一张舒适的长椅，它们就组成了一个"秘密"花园。如果树荫来自于落叶乔木，可以把这个地方变成一个特别的春季花园。可以种植春季开花的球茎植物和早花的多年生植物，这些植物在早春温暖的阳光下，在光秃秃的树枝下茁壮成长，在树木完全长出叶子之前凋谢。在大部分或所有生长季节都有遮阴的地方，可以种植耐阴的灌木、多年生植物和地被植物。耐阴的一年生植物，如凤仙花和秋海棠，可以使阴凉处变得熠熠生辉，不过，可将其种植在容器中，避免每年移栽松土破坏树的表面根系。规划喜阴植物花园时应注意以下几点：

- 观察该地区整个生长季节的情况，注意遮阴的程度和持续时间，也要注意遮阴度——轻度、中度、重度。
- 请记住，如果没有一点阳光，无论是白天斑驳的光照，还是季节性的日照（比如春天落叶树光秃秃的枝条下），任何植物都无法生长。
- 应剪去落叶或常绿乔木下部的枝条，修剪上面的枝条，来减少浓荫。
- 挑选最能适应背阴环境的植物，保证植物健康生长。
- 向知识渊博的专业人士咨询，选择种植那些即使干扰树下浅表的根系也不会损伤树木。还要确定所选的树木是否有像枫树和桦树那样的浅根，使得树荫下的植物很难获取水分和养分。种植大型植物时，若要在树根周围挖坑需要十分小心。

- 如果要种植很多较小的多年生植物或一年生植物，可以在根系较浅的树下多铺一层 **15cm** 厚的表层土。如果计划需要在已经生根的树周进行大量改变，应在开始之前咨询有资质的树木学家。在已经生根的树下添加或移除大量土壤可能会使树木严重受损或死亡。
- 一些已经生根的本土树木，如某些品种的橡树对根系的干扰和浇水量都很敏感，这些干扰通常伴随着树下新植物的移栽出现。在进行这种树下移植前请咨询专业人士。
- 增施肥料和水，帮助植物与已生根的乔木和灌木根系提供充足的水分和养分。

树下的花坛可以种植可爱的喜阴植物，比如玉簪、蕨类植物和富贵草。

遮挡和私密空间

乔木和灌木可以提供私密空间，阻挡探究的视线，打造理想的景观，在你的庭院中打造室外空间，或构成花园的背景、围墙。由于针叶树和常绿阔叶灌木全年都有浓密的枝叶和整齐的树形，是达到这些目的的理想树种。落叶树作为屏障虽然在这些用途上比较有限，却也很常见；与许多常青树相比，落叶树的花和秋天的叶子可以给庭院带来更多的色彩。

树篱是修剪整齐的茂密乔木或灌木，经常被用作围栏和绿篱，也被用来划定空间界线。正式的树篱可经过整枝、定型或修剪成某些几何形状，高度从不足 30cm 到超过 6m 不等。用于修剪、整齐树篱的植物，叶子覆盖的枝干应靠近地面，叶子要小，茂密生长。适合做正式树篱的植物包括落叶灌木，如红果树、针叶树、灌木、铁杉和紫杉，以及常绿阔叶植物，如黄杨木。不要选用柏树和松树，因为这些植物的老枝上不会长出新生枝，如果生长失去控制，无法大幅短截。

日常树篱看起来更自然，修剪也比较容易。可选用生长习性一致的植物打造树篱，如选择冬青或绣线菊，树篱可以呈现整洁的外观。如选用生长习性不一致的植物打造的树篱则看起来更自然，而且效果也并不差。较高大的树篱是有效的天然围栏。

单独或成群地种植树木和灌木时，可以屏蔽外部探究的视线，还可以保护庭院不受风、大雨和雪的影响。在日常规划设计中，这些植物可以发挥双重作用——做屏障或为庭院打造独特的构图。一排柱状的树木，如日本女贞树或香柏树，可以有效地遮挡附近的高大物体，如邻居的房子。通过在视线中布置一棵树，你可以从风景窗、露台或其他特定的有利位置挡住远处的视线。风很恼人，也会破坏植物，仔细规划单独种植、成群种植树木或乔木和灌木，可以减少盛行风的影响。

正式的树篱（左图）是由小叶灌木种植而成，枝条比较靠近地面。

针叶树很容易就能起到遮挡和保护隐私的作用，如上图这些美洲崖柏。

种植消遣

在庭院中种植树木和灌木有很多乐趣，在这些乐趣中，种植鲜花带来的效果是最显著的。它们可能星花玉兰或落叶杜鹃；常见的植物，如褪色柳或迎春花；芳香花卉，如英莲属植物、美洲山柳、郁香忍冬。常绿阔叶植物包括杜鹃花、栀子花和柑橘果树，这些植物可以展现出壮观的、时有芳香的花海景象。

但花期是如此短暂，所以也应该考虑搭配其他景观。落叶乔木和灌木的叶子能连续数月展示其色彩，呈现出深浅不一的绿色，还有闪烁着微光的双色白杨树叶，深紫色的铜山毛榉和日本马醉木微红色的新生枝。枫树、桦树、山茱萸、白蜡和其他植物以绚丽的秋叶赢得了一席之地。对人类和野生动物来说，果实、坚果和种子可以食用也可以观赏，如山楂和李子。冬天，梧桐树和紫薇的树皮以及枝繁叶茂的樱桃和柳树，都很引人注目。

树形 落叶乔木和灌木有各种各样的树形和大小，有的紧贴地面，有的高耸挺立。有些树树形伸展，有些形成圆形或呈金字塔状的树冠。经过专门选择和繁殖的不常见的树形通常很受欢迎，比如柱状的英国橡树和银杏，或有下垂枝条的樱桃、山毛榉和柳树。落叶灌木几乎包含任何你想要的形状，无论是自然生长的还是经过整枝的。

长期以来，树木和灌木一直被用来作为补充、强调景观或遮掩建筑物。这些用途中最常见的种植方法是基础种植，既在前门两侧布置一些修剪后的灌木。近年来的基础种植通常更富有想象力，包括搭配能开花、有一系列颜色和纹理的叶片以及有趣的自然树形的乔木和灌木。

美观 虽然许多常绿植物，特别是一些针叶树通常没有落叶乔木和灌木那么艳丽，但美观程度并不逊色。常绿植物的叶片有黄色、蓝色、红色和绿色。有些有引人注目的球果或色彩艳丽的浆果；苏格兰松和拉皮松还有迷人的树皮。常绿树也有各种形状和大小。蔓生的刺柏是理想的地被植物，而雄壮的云杉能给庭院构图定调。针叶树幼小时往往呈圆锥形，但随着树龄的增长，一些针叶树变得非常别致，枝干扭曲，轮廓参差不齐，也有的针叶树有下垂枝条。阔叶和针叶常绿灌木几乎都可以整形成为任何形状。例如，紫杉可以是一种被修剪得很浓密的树篱，也可以是一棵超过 10m 高的乔木。

灌木和小型乔木是花坛和边坛的重要组成元素。要在兼顾形状、颜色和纹理的情况下，将其与多年生植物混合种植，以获得最佳效果。可以在花坛栽种一株或多株作为焦点。一组较高的灌木或小型乔木可以为花坛上的其他植物提供极好的背景。矮化的树形使你可以巧妙地处理花坛中的植物结构，或在露台上打造小型容器栽培的灌木和乔木园。

乔木和灌木为花园增添了不同的视觉维度——它们的建筑学形状在每个季节都很突出。

颜色鲜艳的新生叶片使马醉木成为了环境中的显著焦点。

纹理丰富的树皮增添了英国梧桐的美感。

对的品种，对的位置

因为乔木和灌木寿命较长，而且通常价格较昂贵，所以应确保你选择的植物适合当地的环境条件。应考虑植物对温度、阳光、水和土壤的偏好。如果你生活的地方或夏季炎热、冬季寒冷，或有干燥的风，湿度大，或较干旱，应充分考虑这些条件。如果选择得好，植物就会更容易养护。

许多乔木和灌木需要大量浇水，有必要选择一些在所在地区通过正常降雨就能茁壮成长的树木。另外，如果很难大面积改良土壤以满足乔木和灌木的生长，那最好选择适应现有土壤 pH 值的植物。例如，如果土壤条件是碱性的，还要种植喜酸性土壤的杜鹃花，那结果肯定令人失望，除非用专门准备的酸性土壤为其打造高设花台。

还要考虑植株成熟后的大小。一棵长成的糖槭、挪威云杉或桉树会荫盖一小片土地。像杜松这样的灌木在幼小时期可以恰好点缀一扇风景窗，而几年后就会挡住观赏视线。所以选择的植物成熟后的大小应与花园或景观相配。

灌木的选择

能修整成某种形状的或正式的树篱

伏牛花	山米麻
黄杨木	海桐
樱桃月桂	女贞
贴梗海棠	甜橄榄
冬青	

适合做天然屏障的灌木

六道木	十大功劳
伏牛花	红枝山茱萸
红果树	玫瑰
山茶花	甜橄榄
卫矛	美洲山柳
高丛蓝莓	杨梅属植物
南天竹	丁香

种植

落叶乔木有的裸根出售，这种植物处于休眠状态时，树枝无叶，根系裸露，没有土壤包裹。较大的常青和落叶乔木通常带有根球并用粗麻布包裹；这些植物在休眠时从原种场挖出，多数根系和附着土壤并用粗麻布包裹。越来越多的乔木和灌木种植在塑料、纸板或金属容器中进行销售。裸根植株只在一年中植物休眠的时候出售，一般是早冬到次年早春，根据地区气候差异略有不同。购买后要在植物休眠状态结束之前尽快种植。在冬季寒冷的地区，可以从春天到秋天种植带有根球并用粗麻布包裹的植物和容器栽培的植物，冬季温和的地区则在秋天到春天时种植。

在苗圃中选择乔木或灌木时要仔细检查，不要选择树皮或枝条有破损的植物。如果植物有叶子，检查叶片是否看起来很健康——没有枯萎或变色；检查容器中或根球中的土壤是否湿润。容器里的土壤应该紧贴容器内壁，在容器表土或底部排水孔长出根系则表明植物在容器里种植的时间过长。

种植小型乔木和灌木很容易，大型带有根球并用粗麻布包裹的植物仅运输就是很大的难题，移植也是一个挑战。出售这些大型植物的苗圃通常提供种植服务，或者可以求助于专业人士。

避免购买根系长满容器的植物——根系长到容器表土上或从排水孔长出，表明容器内已被植物根系塞满。

整地种植

挖坑是种植乔木或灌木的第一步。挖的坑必须足够大，能轻松放下植物根球。坑的深度也至关重要，乔木或灌木的种植深度不应超过以前的种植深度，这对于用容器栽培的植物来说很容易确定，如果是根球或裸根植物来说，则应找到靠近茎和根接合处的颜色分界点。注意不要疏松坑底的土壤，疏松的土壤会在种植乔木或灌木后下陷，树木也会下沉。可用耙子或园艺叉疏松种植坑周围的土壤，促使根系伸入周围的土壤中。

把挖出的土放在附近的一块防水布上，清理出岩石和其他杂物。种植乔木和大型灌木时，不需要改良土壤。研究表明，树木在未经土壤改良的地方种植效果最好。不过，种植在已栽种有多年生植物的花坛中的小型灌木和乔木在改良过的土壤中生长得更好。

土壤的排水性不佳会导致植物死亡。应按照第2章所示检测土壤，如果第二次灌水的24小时后坑内仍有积水，则应另选一个地方种植。

盆栽乔木和灌木的移植

盆栽乔木和灌木的移植方式与其他盆栽植物相同（第5章）。在挖好坑并浇透水后（移植前几个小时），将植物从容器中取出，清理盘绕错节的根系。将植物放在坑内，用挖出的土回填至半满，然后浇透水。水吸收后，填好坑，把土夯实。如右下图所示，围绕种植坑，用土壤垒一个小护堤，再浇一次水，之后铺上5～8cm的树皮屑、堆肥或其他有机覆盖物，覆盖物不要紧贴树干堆放。

如果不是种在风大的地区，那就不要把新栽的树系在桩上。如果所在地风大，将两根坚固的木桩钉在种植坑外约30cm的地方，用结实的绳子或铁丝穿过一段旧的花园软管将树干固定在树桩上，保护树干不会被擦伤。系结处应能移动，在一到两年内把树桩移走，这样树就会长得更坚挺。

引人注目的乔木和灌木

以下树木至少在两个季节都很抢眼：

落叶乔木

山毛榉	猩红栎
紫薇	薄皮山核桃
山茱萸（乔木和灌木形态的）	唐棣
	酸橡胶木
霍桑	酸模树
水白桦	美国梧桐
榔榆	丁香
纸皮桦	香槐
杨树	
紫荆	

常绿乔木

红千层	白皮松
桉树	枇杷
冬青（乔木和灌木形态的）	苏格兰松树
	广玉兰
日本黑松	浆果鹃
翠柏	

落叶灌木	**常绿灌木**
蓝莓	加州丁香
唐棣属灌木	山茶花
山梅花	石楠
红枝山茱萸	日本马醉木
灌木月季	俄勒冈葡萄
荚蒾	杜鹃

在种植坑周围修筑护堤，帮助蓄水。植物的树冠应该比周围的沟略高，这样浇水的时候就能保持叶片干燥。

裸根乔木和灌木的移植

种植裸根乔木或灌木与种植裸根月季相同（见第5章）。将根系在液体肥料的稀溶液中浸泡12～24小时，并修剪掉所有受损的根或茎。将乔木或灌木放入坑中，根系铺开，防止根系盘绕。用土填满坑，轻轻地在根部加土。与此同时，确保植物处于适当的深度。如第5章所述，再次浇水和填土。

带有根球并用粗麻布包裹的乔木和灌木的移植

在某种程度上，带有根球并用粗麻布包裹的植物可以看作植物被种在大的软质容器内。在移植之前，要始终保持根球湿润。搬运带有根球并用粗麻布包裹的植物时，务必要手持根球，而不是茎。

挖一个比根球的高度浅几厘米的较宽碟状种植坑。弄松坑内壁的土壤，促使根系可以向周围的土壤蔓延。乔木或灌木放入坑中后，剪断绳子，把粗麻布拉开，在根球的两侧折叠起来，根会穿过粗麻布生长并最终将其分解。如果包裹物是塑料或其他不可降解的材料，则要小心把包裹物从根球下面拉出来。

将带有根球并用粗麻布包裹的植株放入种植坑中后，将粗麻布折叠。彻底清除塑料等不可降解材料。

开个好头

定期给新种植的乔木和灌木浇水，特别是在第一年。干旱的冬天对常绿树来说尤其难熬。乔木通常在第一年不需要施肥。在第二年和随后几年早春的时候，可以在周围的土壤上洒施少量平衡颗粒肥料。种植在草坪上的乔木通常能从施给草坪的肥料中获得所需的养分。

新移植的乔木和灌木除了剪去在运输或移植时受损的树枝外不需要再修剪。如果有兔子或老鼠啃树皮的情况，可以用从园艺店买来的树木保护纸包裹树干，或用铝箔纸包裹树干，至少包到30cm处。能反光的树干包裹物还可以保护幼树不被太阳晒伤。

修剪建议

修剪有助于保持植物健康，改善其外观，并有助于控制其生长的大小和形态。对于新手来说，修剪也可能是最令人生畏的一项任务。新手在灌木和乔木上投入了相当多的时间和金钱，所以很不舍得下手剪枝，这可以理解。幸运的是，基本的修剪既容易又不费力。

修剪利于植物健康，这在很大程度上是常识。去除死枝、坏枝和病枝可以改善健康和外观。对枝叶太密而导致光线和空气无法透入的植物进行间苗也是这个道理。通过大幅度修剪，可以使已经衰老的植物重新焕发活力。

外形修剪更多是凭个人的经验和审美。你对一种灌木树形的想法和你邻居的想法可能完全不同。有些人把灌木和树木修剪成各种形状，而另一些人则试图保持或改善自然的形状。无论是哪种情况，都需要修剪促使其生长。

修剪的要点不是简单地剪掉一些枝叶。合理的修剪实际上是促进植物生长，了解一些基本的植物生理学知识会帮助你理解其中的原因。所有的植物在新生枝的顶端都会产生生长激素或生长素，这些激素会刺激生长点的生长，抑制新生枝两侧枝芽的生长。除去生长点及其分泌的激素，可以使枝条上的一些芽（称为侧芽)解除休眠状态,从而长成侧枝(见右图)。因此,无论是玫瑰、绣线菊还是紫杉,剪掉新生枝和枝条的生长点,就会长得更茂盛。

如果剪掉的不只是生长点,称为回缩。修剪茎时通常回缩至侧芽。将整个茎缩剪至植株的冠部,或在分枝处切断侧枝,称为疏伐。疏伐可以重新分配植物的养分,令其长出旺盛的新芽。

修剪灌木和乔木

灌木和乔木有各种各样的形态和大小。购买植物时,可以询问如何修剪。如果有需要的话,寻找视频观看专业人士对某种植物的修剪方法。下面介绍一些通用修剪原则和方法。

什么时候修剪。看到死枝、坏枝或病枝,应立即剪除,回缩至健康枝以降低病虫害对植物的影响。虽说几乎可以在任何时候剪掉健康的茎或枝条,但是最好在一年中的特定时间修剪健康生长的枝条。

不考虑开花时间的话,修剪时间可以更灵活。落叶植物在长出叶子之前最容易看清枝干结构,因此,冬天或早春是修剪的好时机。在春天修剪,可以形成较好的生长习性或刺激、控制新生枝的生长。在冬季气候寒冷的地区,应避免在秋天进行修剪。因为修剪通常能刺激新生枝的生长,如果新生枝在当年抽生太晚而不能完全硬化,就更容易受到寒流、风和雪的伤害。

轻修剪。许多灌木和乔木只要进行极少的修剪就能旺盛生长很多年。即使如此,也可以利用以下一些技巧对植物进行修剪并从中获益:

- 在春天掐掉或剪下生长点,可以使灌木变得更浓密、更紧凑。
- 摘掉残花,将原本用于形成种子的养分输送给根系和枝条。如杜鹃花凋谢后要尽快摘掉,因为种子的形成会大大减少这些植物第二年开花的数量。
- 回缩或疏伐灌木中部的茎或枝条,减少在枝叶密集的潮湿环境中容易滋生的疾病的发病率。同样,去除会摩擦邻近生长枝的茎;这些枝条摩擦造成的损害会使树木患上许多疾病。

剪切

修剪生长点能促进侧芽的发育。剪切叶芽互生的茎时,在想要刺激的花蕾上方呈 45° 角剪下。如果芽是对生的,则沿直线切断茎。

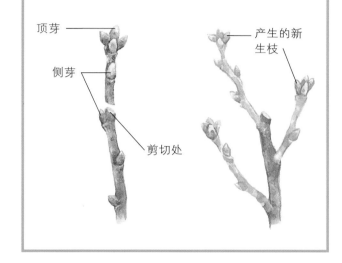

顶芽
侧芽
剪切处
产生的新生枝

- 找一个朝着你期望枝条生长方向的花蕾,然后在上面剪断,就可以促使植物向特定的区域发枝。记住要紧贴花蕾倾斜地剪断枝条。
- 从茎基部或根上长出的新芽称为根出条。这种枝条可以存在一些,但太多的话就会形成灌丛。可以在根出条与茎基部齐平处切断,把那些从根部长出来的根出条拔掉。

观花灌木的修剪

- 春天开花的灌木,如连翘、丁香花等,通常会在前一年抽生的枝条上开花,所以应在开花后立即修剪。
- 晚些开花的植物,如翻白草和紫薇,在本季的新生枝上开花,所以要在冬末或早春新生枝开始生长前进行修剪。

重修剪 一些品种的灌木可以每年都进行大幅修剪，以便在下一个生长季节长出健壮的新生枝。绣线菊、红枝山茱萸和灌木杨柳几乎经常回缩至地面。其他的灌木可能被回缩至老枝处或新生枝，只留若干嫩芽。一些在寒冷的气候下会枯死，再在次年春天重生的灌木，比如大叶醉鱼草和莸草，应该在冬末或早春的时候在靠近地面的地方剪下枯枝。

大幅修剪可以给生长过快或衰老的灌木带来新的生机。有些灌木，比如十大功劳，即使剪至地面，也会长得很好。但是紫丁香和枸子的茎回缩至树冠上方几厘米处时效果较好。分阶段对杜鹃花进行修剪——每年剪掉 1/3 的茎，第二年另外再剪 1/3，第三年剪掉剩下的 1/3。也可以培育挑选根出条作为替代茎。

大幅修剪可能有风险。大多数针叶树及许多常绿阔叶植物和落叶灌木，不会从老的无叶枝条萌芽。这些植物的叶片下面没有潜伏的芽，如果你在此处剪掉枝条，植物就会死掉。如果你不确定灌木的新生能力，应在进行修剪之前咨询专业人士。

修剪乔木的技巧

一棵树形良好的乔木，如果种植和养护得当，幼时需要的修剪很少，长大后会更少。对于针叶树来说尤其如此，可能很多年都不需要用剪枝工具来修剪。

修剪乔木的技术与修剪灌木相同，但树木大小使问题变得比较复杂——如果要修剪离地 9m 高、直径 15cm 的枝条不仅困难，而且很危险，应该由专业人士来完成。不过，仍然有很多事是可以独立进行的。

- 有些乔木，如枫树和桦树，如果在早春树液开始流动的时候修剪，会渗出汁液，所以最好在休眠期修剪这些植物。
- 柱状的乔木，如橡树、松树和云杉，通常有一个主要的中央树干，称为主干。如果幼树有两个主干，应将第二个主干回缩至其基部。落叶树同样如此，也可以把第二个主干砍掉一半，以确保树能长成想要的形状。
- 不要切断一棵柱状乔木的主干。最好的办法是把树移走，种一棵不会长那么高的树。
- 疏伐密集的枝干，去掉穿过树中心的枝干，让空气和阳光进入。

- 有时成熟的枝条或树干会长出不美观的、细长的、直立的枝条，称为徒长枝。可在与母枝齐平处切断来去除这些徒长枝。
- 不要使用绷带。研究表明，使用绷带造成的问题和它可以预防的一样多。一棵健康的乔木可以保护自己免受疾病的伤害，特别是剪掉超过根茎以外的整根树枝时尤其如此。

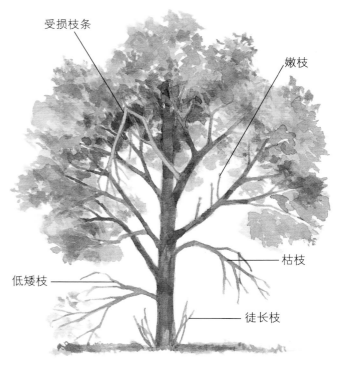

受损枝条

嫩枝

枯枝

低矮枝

徒长枝

修剪工具

只需几件工具就可以满足所有的乔木和灌木的修剪需要。如果预算紧张，可以先用一把好的修枝剪和一个小折叠修剪锯。随着植物的生长，可以添加更多的工具。如果种植树篱，整篱剪或绿篱修剪刀是必不可少的，还需要高枝剪来修剪粗枝。

弯头修枝剪

直头修枝剪

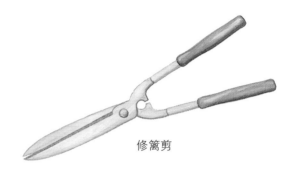

修篱剪

修枝剪：用来修剪直径较细的嫩枝和树枝。最好使用弯头修枝剪，这种修枝剪有两个弯曲的刀片，修剪时枝条不容压劈。

电动修篱剪

修剪锯：用于修剪直径达 8cm 或 10cm 的树枝，锯齿又长又薄，效率高，使用也很方便。

修篱剪：用于修剪树篱和灌木。修篱剪在本质上是耐用的长柄剪刀。如果有很多剪切和整形工作，可以考虑使用电动修篱剪。

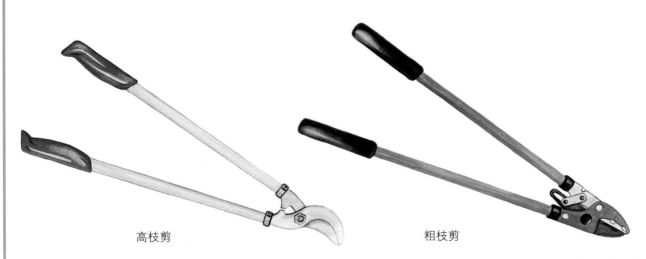

高枝剪

粗枝剪

高枝剪：用于较大的树枝和无法用修枝剪修剪的树枝。

粗枝剪：粗枝剪两片刀刃锋利度不一样，锋利的一侧用来切割，钝厚的一侧用来托住枝条挤压用力。

常见乔木和灌木一览

下文介绍了适用于庭院景观的部分乔木和灌木，均为常见的一些品种。不同属中不同植物的栽培注意事项各不相同，在特别值得注意时会提到。应了解特定植物的具体信息或咨询有经验的专业人士，以找到能符合需求，并在你所在地区生长良好的植物。

乔木

白蜡树 (*Fraxinus* species)

这些高大挺拔的庭荫树在很多地区都很常见。美国白蜡树（*F. americana*）和洋白蜡树（*F. pennsylvanica*）都是速生性落叶树，高度可达 15m，有着独特的复叶，树皮纹路深、开裂。美国白蜡树的叶片在秋天会变成黄色或紫色。洋白蜡树的树叶在秋天会变黄。美国白蜡树和洋白蜡树都容易滋生昆虫和疾病，但生长状态良好的树木可以克服大多数病虫害。无论如何，房主们应该保持警惕。

绒毛白蜡树（*F. velutina*）是一种常见的落叶树。阔叶白蜡树（*F. latifolia*）也是一种落叶乔木。

桦木 (*Betula* species)

桦木因其引人注目的树皮和醒目的秋叶而备受赞誉，广泛种植，多成群种成小树林。桦树能长到 12m 左右，通常有多根分枝，非常适合大多数庭院景观，树叶在微风中闪着光，投下斑驳的阴影。

桦树易于遭受昆虫和疾病的滋扰，这也是它们寿命比较短的原因之一。在购买之前，应该调查一下所在地区哪种桦树生长最好。

欧洲白桦（*B. pendula*）有迷人的白色树皮，下垂的枝条在秋天布满了金色的叶子，但适宜庭院栽种的品种不多，因为它们非常容易受到昆虫和疾病危害。纸皮桦（*B. papyrifera*）的白色树皮很漂亮也抗虫害，但不如欧洲白桦那么优美。这两种桦树都不能在炎热潮湿的气候下旺盛生长。水桦（*B. nigra*）是一种特殊的乔木，秋天颜色很好看，会脱落粉红色或红色树皮。这种桦树能忍受高温和潮湿的土壤，还能耐许多白皮桦树耐受不了的虫害。白尖桦（欧洲白桦的变种 *japonica* "Whitespire"）是一种优良的单干样树，树皮白色，秋叶为黄色。甜桦树（*B. lenta*）树皮红褐色或黑色，可点缀出不同寻常的秋景。

白蜡树　　　纸皮桦

海棠 (*Malus* species)

如果不是海棠树上那动人的粉红色花蕾逐渐开出朵朵白色、粉红色或红色的花朵，春天就不会如此令人着迷。海棠也不仅仅是一季的景观。夏天浓绿色的叶片透着红色和紫色；夏末和秋天，红色和黄色的叶片与红色、橙色和紫色的油亮果实交相辉映。一些海棠栽培品种漂亮的分枝和果实在整个冬天都很迷人。

选择品种时，可以从整体的生长习性（有下垂枝条、直立型、杯状型、伸展型）、花的颜色和香味，以及果实的大小和特性（例如挂果期）来选择。果实有的小到直径只有 1cm，也有的大到直径 5cm。虽然果实看起来很吸引人，也可用于做果酱和果冻，但掉在地上则会变成一团一团脏乱的东西。对病虫害的抵抗力同样需着重考虑。一些杂交品种，包括多花海棠（*M. floribunda*）和湖北海棠（*M. hupehensis*），对疮痂病、锈病和白粉病都有抗性，这些常见病害会使树叶变形，却很少让植物死亡。

各种规模的庭院都可以种海棠树。萨金特海棠（*M. sargentii*）只能长到 1.8 ~ 3.0m 高，伸展开的宽度是其高度的一半，开芬芳的白色小花，结小小的果实。日本海棠树和品种繁多的杂交海棠树会长成株高和宽度达 6 ~ 9m 的高大茂盛的树木。杂交品种包括"亚当斯"，红粉色的花；"唐纳德·怀曼"，红色的花蕾，白色的花朵，小果实紧贴在树上直到春天；"星星之火"，紫红色的花朵，秋叶橘红色，其红枝在整个冬天都很夺目。

紫薇 (*Lagerstroemia indica*)

紫薇是一种小型落叶乔木或灌木，从仲夏到初秋长出大而引人注目的花簇。紫薇单个或多个树干，可以单独种植或多棵成片种植，是适用于各种大小庭院的多功能景观植物。紫薇树剥落的五颜六色的树皮可以与其开的花相媲美。树叶从春天的黄青铜色变成夏天的绿色，秋天则变成黄色、橙色或浅红色。

紫薇有许多栽培品种。株高从 0.9 ~ 7.6m 不等，花色从白色到粉红色到深红色。一系列以美国印第安人（"霍皮人"和"苏人"）命名的品种不仅树形可爱，而且能抗霉病和其他病害。"纳齐兹"是最常见的紫薇品种之一，有白色的花、引人注目的树皮和橘红色的秋叶。所有品种都很耐寒。

紫薇

山茱萸 (*Cornus* species)

春天的花朵，鲜艳的秋叶，引人注目的浆果，美观的树皮，迷人的树形，适当的大小——山茱萸几乎有所有你希望观赏树所具有的特征。北美山茱萸花（*C. florida*）高达 7.6m 以上。在早春，叶子出现之前开出令人愉悦的白色或粉红色的花。这些"花"实际上是围绕着真正小花的苞片。深绿的叶子在秋天变成红色或栗色，此时又挂上了亮红色浆果。高丽山茱萸（*C. kousa*）是亚洲原生植物，有一定抗病虫害的能力。与北美山茱萸花大小相当，果实和秋叶同样很吸引人。开花的时间稍晚，一般在叶子形成之后。欧亚山茱萸（*C. mas*），大型灌木或小型乔木，较耐寒，于早春开黄色花，其鲜红的果实能吸引鸟类，可用于制作蜜饯。秋叶五颜六色。

粉花山茱萸

海棠

冬青 (Ilex species)

冬青树因其光滑的深绿色叶子和鲜红的浆果而备受人们喜爱,也是常见的节日装饰。冬青树的种类比你想象的更加多样化。冬青树可以是乔木,也可以是灌木,可以是落叶树也可以是常绿树,株型有大的有小的,叶缘有浅锯齿的,也有光滑的,果实有橙色、黄色、深蓝黑色和红色。这里提到的冬青树通常作为乔木种植。(较小型及枝叶浓密的冬青在灌木分类下讨论。)

美国冬青(I. opaca)高4.6～9.1m,在很多地区作为园景树广泛种植。初期树形呈金字塔形,随着树龄的增长,变得更加开放、更加不规则、更加别致。叶片呈深绿色,常绿带刺,果实呈暗红色。

在夏季温和且不太潮湿的地方可以种植欧洲冬青(I. aquifolium)。其有锯齿的常绿叶片和鲜红的浆果是制作经典的节日装饰用品的材料。欧洲冬青能长成9m以上的金字塔状树,在晚春时开白色芬芳的小花。

欧洲冬青

若庭院面积有限则可以考虑种植落叶冬青(I. decidua),这是一种小型的落叶乔木,生有艳丽的红色、橙色或黄色浆果,叶片边缘光滑,在秋天变成金色。

还有几种小型冬青植物也是很吸引人的园景树。大叶冬青(I. latifolia)是一种直立的细长的乔木,常绿的细长叶片很罕见,有20cm长,春天开芬芳的黄色花朵,秋天结累累的红色大浆果。长柄冬青(I. pedunculosa)的果实像樱桃,长在茎上。整体能长到5～6m高,有着优雅的枝干和叶片,叶片夏天深绿色、冬天黄色。代茶冬青(I. vomitoria)可以经过整枝长成多干乔木,高达6m,有引人注目的弯曲的树枝、狭长的常绿叶片和大量的红色浆果。

若要冬青结产浆果,雌性冬青树需要由雄性冬青树授粉。购买树苗的地方会告诉你哪些植物可以配对。一棵雄性冬青树

木兰

的花粉通过蜜蜂可以给几百米外的雌性冬青树授粉。

木兰 (Magnolia species)

木兰的花呈肉质,大而香,厚厚的皮革质深绿色叶片组成了宽大的树冠,但也有较小型的木兰树。常绿木兰和落叶木兰都能在较暖一些的地方种植,能抵御北方冬天的木兰都是落叶型树木。

星花木兰(M. stellata)是一种精致的小型落叶乔木,是最耐寒和开花最早的木兰树之一,这种树非常适合小型花园。与木兰花朵相比,星花木兰略带芳香的花朵很小,不过,花在无叶的枝头上随风摇曳着,可达数周之久,模样很可爱。在冬季较温暖的地区,最早可以在2月份开花。整个夏天,它深绿色的叶子都很迷人。栽培品种罗布纳木兰是落叶性乔木,更高大,更耐寒,适应范围广,开的花与星花木兰类似。

另一个品种是广玉兰(M. granflora),雄伟高大,一般可达24m,树冠宽大,横枝很优雅。叶子常绿有30cm长,有光泽,很厚,深绿色,背面棕色,有绒毛。广玉兰在晚春开花,初夏达到峰值,并在整个夏季持续开花,花非常大,宽达25cm以上,气味芳香。各栽培品系较矮小的品种同样很美丽。

二乔玉兰(M. x soulangiana)用途多,作为一种小型多干落叶乔木或灌木被广泛种植。二乔玉兰能长到6～9m高,也能伸展至同样的宽度,可以作为园景树或成群种植。在早春至仲春开白色、粉红色或紫红色的花,之后零星开花。叶片15cm长,有的在秋天会变黄。

天女木兰(M. sieboldii)是另一种适合冬季较温暖地区小型花园的优良树种,一般株高约4m,花宽8cm,白色,在春末夏初开放,非常香。

槭（*Acer* species）

　　槭属植物是北美最受欢迎的庭院乔木之一。枫树在春天开出漂亮的小花，在夏天遮下凉爽的树荫，秋天则展现出绚丽多彩的叶子。大型枫树不仅可以乘凉，且仪态威风凛凛。美国红枫树（*A. rubrum*）生长迅速，根据品种的不同，可以达20m高，冠幅9～12m。在早春时开出红色的花朵，秋天叶色令人惊叹——有红色、黄色、橙色和粉色。有秋天叶色各不相同的多个品种可供选择。糖槭（*A. saccharum*）同样有着灿烂的秋叶，但与美国红枫相比，不太适用于家庭庭院景观用途，因为其株高可达27m，而且容易受到炎热、干旱和各种病虫害的影响。银白槭（*A. saccharinum*）能快速成荫，几乎任何环境都能种植。然而，其主枝很疏松，在暴风雨中容易折断。此外，其浅根的分支系统使得树下或附近很难种植其他植物，而且还会受到许多昆虫和疾病的侵染。

　　以下几种较小的槭树是优良的遮阴树，更适合普通城市或郊区家庭庭院。三角枫（*A. buergerianum*）高7～9m，冠幅6m。它有漂亮的片状树皮，秋叶红色或黄色，和大多数槭树相比，根系竞争性不强，其他植物在树下更容易种植。鞑靼槭（*A. tataricum*）与三角枫差不多大小，但有多根树干，春天开白色的花，秋叶猩红色。

　　鸡爪槭（*A. palmatum*）是小型乔木，非常美观，可作为园景树单独种植，或边坛中与其他植物混种。树叶和树形同样引人注目。叶通常深裂，一些甚至有花边；叶色在夏天会在绿色、红色、青铜色或紫色中变动，大部分在秋天变成猩红色。有些槭树有特别吸引人的树皮。血皮槭（*A. griseum*）生长缓慢，树干和主枝上有卷曲的、肉桂色的树皮，奇特可观；夏天树叶是绿色的，秋天树叶的颜色多变，但很醒目。

　　种植枫树通常是为了观赏其秋色，但这一特征会因地区和树种而不同，选择栽培品种可能更容易达到你所期待的效果。可以咨询当地的专业人士，了解哪些枫树在你所在地区表现最好。

橡树（*Quercus* species）

　　橡树有丰富的民间传说和悠久的历史。在庭院景观中，橡树巨大的围长和令人印象深刻的高大树冠使其有一种王者之风。由于大多数橡树最终都会长得极其高大，普通的庭院最多只能容纳一到两棵。

　　红橡树（*Q. rubra*）是一种被广泛种植的庭荫树，高达27m，圆圆的树冠直径可达15m。它生长快速，20年就能长到6m以上。叶长可达20cm，在秋天会变成鲜红色。针栎（*Q. palustris*）也是应用广泛的速生性庭荫树，这种橡树长成后树形又高又细（高30m、宽不到12m），下部的主枝垂到地面很迷人。树叶深裂，在秋天会变成铜红色。猩红栎（*Q. coccinea*）类似针栎，不过可以忍受干燥的环境条件，下部的枝条也较高。

　　大果栎（*Q. macrocarpa*）也是一种优良、耐寒的庭院观赏树种，它体型很大，一般高达30m。它在秋天不会表现得很绚丽，不过能耐受各种恶劣的生长条件。

　　在冬季气候温和的地区可以种植几种

鸡爪槭

橡树

常绿橡树。加州栎（ *Q. agrifolia* ）那似乎饱经岁月沧桑的外观很受人喜爱，株高能达到 30m，枝干多节，很壮观。幼小的加州栎生长迅速，有时被种植和修剪成树篱。冬青栎（ *Q. ilex* ）株型较小，同样生长迅速且用途广泛。常绿橡树如弗吉尼亚栎（ *Q. virginiana* ），这种树的树干短而粗，树冠宽大，可以达到 18m 高、30m 宽。

橡树并不都是庞然大物。麻栎（ *Q. acutissima* ），落叶树，株高和宽能达到 10～15m，叶片细长，边缘呈锯齿状，春天黄绿色，夏天变成深绿色，秋天则变成金黄色或棕色。甘贝尔橡树（ *Q. gambelii* ）树型更小，高 4～9m，可以作为单干或多干的园景树，或作为灌木屏障成片种植。直立的英国橡树（ *Q. robur* "Fastigiata" ）适合作小庭院中的园景树或"屏风"，是一种珍贵的英国橡树品种，高 15m，但宽只有 4m。

松 (*Pinus* species)

松树可以说是最被人熟知的树种之一，甚至许多人把所有的针叶常绿乔木统称为"松树"。其实，松树不同于其他的针叶树，其针叶两片、三片或五片聚集成一簇。许多常见的品种都有长长的针叶，看起来很吸引人，像软刷子。所有的松树都能结球果，有一些能结出可食用的种子，即松子。在景观中，松树一年四季都可作为园景树或背景植物，大小从只有几米高的矮生品种到可长到 20m 的高大品种均有。无论是经过修剪还是自然生长，松树树篱和屏栏都很实用、迷人。许多松树幼时直立，呈圆锥形，随着树龄的增长，一些会生长得更加自然，成不规则的别致树形。一些松

树会垂下底部的枝干，长成后可以提供一片隐秘的空间，也可以为树下长椅的休憩空间遮阴。

北美乔松（ *P. strobus* ）是一种速生性树种，针叶柔软，呈蓝绿色。作为园景树，可以长到 24m 高，也可以通过整枝和修剪长成树篱或高大的屏风。欧洲赤松（ *P. sylvestris* ），针叶坚硬，树形为圆锥形，它便是许多人熟悉的圣诞树。树龄较大的能长到 21m 高，是很美丽的景观树，树枝开放、不规则，剥落性树皮很华美。欧洲黑松（ *P. nigra* ）是最适合城市环境的松树树种之一，能忍受各种各样的环境。白皮松（ *P. bungeana* ）可达 30m 高，通常有多个主干，因其五颜六色的剥落性树皮而闻名。矮赤松（ *P. mugo* ）是一种灌木型乔木，浓密的深绿色叶子，株高从 1～4m 不等。其栽培品种是常见和通用的景观植物，可作为园景树单独或大量种植。

一般来说，为庭院造景可以从许多优良的本地松树中进行选择。可向当地的苗圃或园艺店咨询，看看哪些松树在你所在地区生长得较好。光松（ *P. glabra* ）即使是幼树也会呈现扭曲的树干和不规则的树枝。长叶松（ *P. palustris* ）的松针很独特，3 针一束。树木高大，树冠成圆锥形，是很好的庭荫树，火炬松（ *P. taeda* ）也是如此。购买树苗时，请先了解树苗品种的耐寒性。

刺果松（ *P. aristata* ）以其独特的仪态和长寿的特性而广为人知，一些数据表明它已经有 4000 年的历史了。西黄松（ *P. Ponderosa* ）是一种高大的树荫树，通常能长到 18m，有呈鳞状的和漂亮橙色褶皱树皮。

欧洲黑松

灌木

黄杨 (*Buxus* species)

　　黄杨是常绿灌木，常用作正式花园树篱的首选植物。黄杨叶片小而有光泽，密被于许多有分枝的小枝上，使得黄杨非常适合被修剪成精致独特的形状。如果放任黄杨木自己生长，则会长成整齐的树丛。小叶黄杨（*B. sinica*）的各种栽培品种分布广泛，有些品种长得快，有的直立，有的伸展，有的叶片在冬天会变成青铜色。植株成熟后株高和宽度大约 0.9 ~ 1.2m。相比之下，锦熟黄杨（*B. sempervirens*）高大得多，高和宽可达 6m。其栽培品种同样差异很大，但都有密集的叶片，使其成为优良的树篱植物。

　　黄杨生长缓慢，购买植株时可挑选较大的成熟植株。黄杨可以在阳光充足或轻微遮阴的环境下茁壮成长，但对土壤、水、温度和抗虫害等环境要求较高——可以向专业人士咨询，看看哪个品种在你所在地区生长得最好。

大叶醉鱼草 (*Buddleia* species)

　　大叶醉鱼草花朵美丽芳香，开花可以持续数周，让这种落叶灌木在花园中占据一席之地。从仲夏到秋季，拱形的枝条末端长出细长的小花簇，花有粉红色、白色、紫罗兰色、淡紫色、蓝色或紫色。大叶醉鱼草及其栽培品种分布广泛，不太耐寒的品种分布在更温暖的地区。植株可以长到高 3m、宽 3m，有紧凑矮生型品种。大叶醉鱼草需要充足的阳光。在早春的时候，把木质茎剪切至只剩 30cm 长的树桩；在生长季节，新梢可以长到 1.5m 甚至更高。在冬季气候寒冷的地区，植物的地上部分可能会在冬天枯死，不过来年会从根部重新长出来。

山茶 (*Camellia* species)

　　在气候足够温和的地方，山茶花是许多家庭庭院的首选。有的小型山茶花可以作为盆栽摆放于露台，有的山茶花可以用作篱架，还有的可以长成高和宽达 4.5m 的乔木或灌木。所有的品种都有迷人的常绿叶片和美丽的花。叶片有光泽，深绿色，革质。花单瓣或双瓣，直径在 8 ~ 23cm 之间，颜色从白色、粉红色到红色各不相同。根据品种和条件的不同，山茶花在秋季、冬季或春季开始开花；花期持续好几个月。常见的栽培品种有日本山茶、茶梅、滇山茶。茶梅的植株和花一般比其他的都要小，滇山茶在瘦长的植株上也能开出引人注目的花。山茶花需要适度遮阴的环境。

　　在气候寒冷的地区，不妨选择油茶花（*C. oleifera*）和由它培育出的阿克曼杂交品种种植。这种山茶在冬季气候寒冷的地区需进行防寒才可以存活。

黄杨

山茶

大叶醉鱼草

黄杨叶栒子 (*Cotoneaster* species)

黄杨叶栒子有低矮蔓生的地被变种，也有直立枝条的坚硬灌木，拱形主枝很优美，植株较高大。无论是常绿树还是落叶树，春天都开白色或粉红色的小花，虽不壮观但很漂亮。秋天结出的五颜六色的浆果可以挂枝到冬天。

黄杨叶栒子的地被品种在第 8 章中有过讨论。以下几种常被用作园景树或大规模种植的大型灌木。散生栒子（*C. divaricatus*）能长成达 3m 宽、1.5 ~ 1.8m 高的树丛，秋天叶片变红后脱落。常绿的厚叶栒子（*C. lacteus*）能形成密集的拱形茎，在冬天的大部分时间里挂着大簇的红色浆果。皱叶柳叶栒子（*C. salicifolius*）叶片常绿狭长，夏季为绿色，冬季为紫色。栽培品种包括一种低矮的地被种以及一种高和宽 3m 的灌木。

栒子属植物可以在全日照或部分遮阴的环境中生长，它能适应各种土壤，也耐高温和干旱环境。当受到炎热天气或缺水影响时，栒子属植物容易发生火疫病。

黄杨叶栒子

山茱萸科 (*Cornus stolonifera* and *C. alba*)

很多山茱萸科的植物都是美丽而珍贵的园林灌木（乔木类的山茱萸详见"乔木一览"）。山茱萸在每个季节都能呈现出独特景观，例如红瑞木生有红枝，与偃伏株木在许多方面都很相似：在春天都能开出艳丽的白色或奶油色的花朵，白色或青白色的浆果在漂亮的夏叶映衬下显得格外醒目；树叶在秋天会变成红色或紫色；华美

红瑞木

卫矛

的红色枝干能够点亮冬天的景色。红瑞木能长成小型紧凑的灌木，1.8 ~ 2.4m 高，而偃伏株木高和宽有 3m。各种栽培品种的叶色富于变化，矮生型的枝干有黄色、珊瑚色或栗色。

灌木山茱萸可以在全日照到全阴的环境中生长。每两三年把最老的茎剪切至地面，促使形成新的、更多彩的新生枝。

卫矛 (*Euonymus* species)

无论是低矮或茂密的灌木种、蔓生的地被种，你的庭院中至少有一个地方可以种植一种卫矛。这种生命力顽强的植物可以种植在阳光充足或背阴处。卫矛（*E. alatus*）因其耀眼的红色秋叶而受到人们的喜爱，叶片从深绿色到淡粉色再到红色的转变，能让人们欣赏好几个月。根据品种的不同，卫矛高和宽 1.8 ~ 3.0m，它独特的脊状小枝在冬天别有一番风味，这也是这种植物另一个常见名字——鬼箭羽的由来。

扶芳藤（*E. fortunei*）没那么艳丽，但常绿的叶片和独特的生长习性能让花园植物的结构丰富、多变。蔓生型扶芳藤可以作密集的地被植物，但可能会有入侵性；还可以作墙或栅栏上的藤蔓植物。直立、浓密型可以用于基础种植或大量种植，也可以用于非正式的树篱。各栽培品种的叶片有白色、奶油色或金色边缘，有的在秋天和冬天会变色。花朵不显眼，结出橙色的果实，果实可以在枝头上挂整个冬天。

在冬季气候温和的地区，经常使用冬青卫矛（*E. japonicus*）作为园景树单独种植，也可以成群种植作为树篱或屏风。这种植物能长到 3m 高、1.8m 宽。杂色叶片有白色、奶油色或金色边缘的品种，是引人注目的焦点景观，其叶色在阳光充足或炎热的天气下更加艳丽。

冬青 (*Ilex* species)

除了漂亮的乔木品种（见"乔木一览"），冬青还有迷人的灌木品种，可以基础种植、大量种植，也可作为树篱或屏风种植。有些冬青可以作正式的、精巧修剪的树篱，有些则是保留天然的树形看起来最好。叶片带刺，有光泽和结红色浆果的常绿冬青较常见。枸骨（*I. cornuta*）高和宽可以长到 3m。在气候炎热干燥、碱性土壤的环境中能旺盛生长。钝齿冬青（*I. crenata*）叶小，果实不显眼。栽培品种"密聚花"和"海勒"可以长成 1.2 ~ 1.8m 高的天然树篱。由凯思琳·梅泽夫女士培育的杂交品种（*I. x meserveae*）更耐寒，大多有蓝绿色的叶片和鲜红色的浆果，这些栽培品种有的直立，有的拱形，可以长到 2.4 ~ 4.5m 高。美洲冬青（*I. verticillata*）是一种落叶性冬青，茎上挂满浆果，在冬日白雪映衬下格外引人注目，它可以挂果长达几个月，直至被鸟儿啄食。冬青树需要充分的阳光或局部背阴。

绣球花 (*Hydrangea* species)

长期以来，绣球花因其大簇又艳丽的花朵而备受人们的喜爱。绣球花可以作为蔓生植物、灌木或小型乔木进行种植，花簇从扁平到球形，可达 30cm 宽。藤绣球（*H. petiolaris*）是一种藤本植物，长度可以达到 18m 以上。在夏季的几个星期里结出扁平的花簇，15 ~ 20cm 宽，白色，略带芳香。光滑的深绿色叶片在夏天和秋天都很好看。叶片掉落后会露出红棕色的树皮。这种植物可以在充足日照至背阴处种植。

常见的花园绣球花（*H. macrophylla*）的叶片大而有光泽，其漂亮的白色、蓝色、粉色或红色的花朵形成迷人的背景。花的颜色随土壤的 pH 值而变化——酸性土壤开蓝色花，中性和碱性土壤开粉红色或红色花。夏天开花，一直开到秋天。该种绣球花可达 1.2 ~ 2.4m 高，1.8 ~ 3.0m 宽，

但也有更小型的品种可供选择。花园绣球花喜欢全日照至局部遮阴环境。

冬天气候较寒冷地区，可以种植乔木绣球"安娜贝尔"或"大花"，这两个品种均在新生枝上开花，每年冬天应将植株缩剪至地面。还可以种植圆锥绣球（*H. paniculata* 'Grandiflora'），花簇宽 15 ~ 30cm，夏秋之际花色会从白色变为粉红色再变为褐色，此品种植株巨大，但通常会修剪以控制植株的大小。

种植橡叶绣球（*H. quercifolia*）可欣赏它在初夏时开出一簇簇白色的花，也可观赏它多彩的橡树状叶子和表面粗糙的红棕色树皮。它深绿的叶子在秋天变成红色、橙色或紫色。橡叶绣球花需要部分日照或遮阴环境。

杜松 (*Juniperus* species)

杜松有各种各样的大小和树形，适用于各种景观用途和庭院风格。常绿的叶子呈鳞片状或针状，叶色从亮绿色、灰绿色到蓝绿色甚至蓝色各不相同。有些品种的叶子在冬天变成紫色或青铜色，肉质的球果看起来像浆果。平枝圆柏（*J. horizontalis*）适用于基础种植、大面积种植或作为屏风和树篱，有许多灌木状的杜松，有伸展也有直立的品种。这些品种多数都是粉叶鹿角桧、岸刺柏（*J. conferta*）、叉子圆柏（*J. sabina*）、铅笔柏（*J. virginiana*）和圆柏（*J. chinensis*）。杜松植物叶片很醒目，如湖蓝色的高山柏品种"蓝星"，可以作为园景树。杜松在阳光充足的环境下能旺盛生长。

美洲冬青

绣球

杜松

丁香 (*Syringa* species)

丁香能开大簇甜美芬芳的花朵，传统上是春天的主要景观，在一年的其他时间里也可作为一种背景植物。欧丁香（S. vulgaris）许多栽培品种都可以买到，在仲春时节开花，有紫罗兰色、紫色、淡紫色、蓝色、品红色、粉红色，还有白色。植株可以长成直立的灌木丛，茎的高和宽可达6m，茎上覆盖着深绿色的叶片。欧丁香只有先经历了几周的低温后才会开花。在冬季气候温暖的地区可以种植德斯康索的杂交品种，这个品种开花没有低温要求。

一些丁香花的种植株较小，较紧凑，适合面积小的庭院和混合边坛，比又高又瘦的欧丁香花更好。蓝丁香（S. meyeri）高和宽1.8 ~ 2.4m，在仲春开花，有时在秋天开花，花淡紫色。关东巧铃花（S. patula）植株大小相同，在初夏时开淡紫色的花，叶片在秋天变成紫色。这两种小型丁香都能抗霉病，而这种病害通常会侵扰欧丁香。

关东巧铃花

网脉丁香（S. reticulata）可以长到9m高，经常被整枝成为单干或多干树。一簇簇芬芳的白花在初夏的花园里是一道靓丽的风景线，叶片和迷人的树皮在其他季节也值得欣赏。

丁香在充分或部分日照下生长良好。花败后及时摘除残花，随之进行修剪以促进新花蕾的生长。

杜鹃花属 (*Rhododendron* species)

这些灌木是最可爱也最受喜爱的园林植物，尤其是它们灿烂和独特的花簇备受赞誉，它们的树形优美迷人，常绿或脱落性叶片很漂亮。有些杜鹃花或映山红在很多地区都生长良好。

落叶性映山红开出的花朵颜色各异，令人惊叹——各种红色、粉色、黄色、薰衣草色、橙色、白色，还有很多双色花，

映山红

秋叶通常也富有色彩。许多品种在仲春至晚春时节开花，有些花可开至初夏，还有一些是芳香的。数不胜数的栽培品种植株大小各异，许多可以长到1.2 ~ 1.8m高，有的直立有的伸展。大多数都很耐寒。在冬季气候寒冷的地区，可种植"北极光"杂交品种，这些品种较为耐寒。

在全年都很迷人的绿叶的映衬下，常绿映山红展示着一朵朵明艳的春季花朵。花很少有香味，但部分品种花冠非常大，可以达13cm宽。一些常绿映山红非常柔嫩，只能在冬季气候温和的地区存活，但也有更为耐寒的品种。

杜鹃花几乎有你想要的任何大小和花色。不到30cm高的植物适合点缀在石景园中，而高和宽达6m的巨型杜鹃花在大型景观中则显得很壮观。还有很多适用于基础种植、屏风或园景树的品种。大多数杜鹃花在仲春开花，是常绿植物。叶片是绿色的，但色调和形状都不同。要充分考虑叶片特点，因为叶片展示的时间比花长得多。许多杜鹃花都在冬季气候温和的地区很耐寒，不过也有更耐寒的品种。

杜鹃花和映山红在大部分地区很容易种植。一般来说，最好种植在遮阴、湿润但排水良好、有机质丰富的酸性土壤中。炎热的夏天、寒冷的冬天，以及寒凉干燥的风，还有一系列的病虫害都会使叶片受损，更会导致植物死亡。

杜鹃花和映山红的流行是由许多人竭尽全力在不太理想的条件下进行种植、育种来实现的。例如，在土壤不够酸或排水不良的地方，可通过装填调整了pH值、用有机质改良的肥沃土壤的高设花台来种植杜鹃花和映山红。在冬天寒冷多风的地方建造防护设施。如果花园中的条件很难改变，也可以在容器中种植杜鹃花和映山红。

如果你是一个新手，你所在地区杜鹃

花和映山红并不常见，最好的做法是咨询当地有经验的杜鹃花或映山红种植者，或者也可以询问当地的园艺机构、园艺种植爱好组织。他们知道哪些品种和栽培技术适应当地条件。

绣线菊 (*Spiraea* species)

绣线菊春天盛开，长长的拱形枝条上覆着小小的白色花朵，长期以来一直备受人们喜爱。最常见的春季开花的绣线菊是菱叶绣线菊，高和宽能长到 1.8 ~ 2.4m，是一种庞大的园景树或屏风。在夏天，叶片浅蓝绿色，很好看。雪球绣线菊高和宽 0.6 ~ 1.2m，在春末夏初开纯白色的花。

如果庭院空间有限或想要种更引人注目的植物，可以从一些紧凑型的绣线菊中选择，这类品种在夏季开花，整个生长季都有华美的叶片。粉花绣线菊 (*S. japonica*) 和相关的栽培品种高和宽可以达到 90cm，在夏天整齐的、多细枝的花丛上都覆盖着一簇簇红色、粉色或白色的小花，它的叶片通常也很吸引人。"脂粉"绣线菊有着大量粉红色花朵和略带粉色的绿色叶片。"金焰"绣线菊有深粉色的花朵和金色的叶片，在春天和秋天略带红色和红铜色。绣线菊在完全或部分日照条件下生长良好。它们能适应多种土壤类型，但需要良好的排水性。

荚蒾属植物 (*Viburnum* species)

荚蒾可以观赏花、叶片和浆果，是极好的景观和园林植物，是常绿或落叶性植物。所有的荚蒾属植物都喜欢充分或部分日照。

红蕾荚蒾 (*V. carlesii*) 在仲春开花，花簇圆形，非常香；花蕾呈漂亮的粉红色。植株能长到 1.5m 高、1.5m 宽，暗绿色的脱落性叶片有的在秋天变成红色。"布克"荚蒾可以长到 3.7m 高，在春天也有

芳香的花朵。蝴蝶荚蒾（*V. plicatum var. tomentosum*）是一种大型落叶灌木，具有层叠的分枝，叶片夏季为绿色、秋季为红紫色。在仲春时节，"蝴蝶"荚蒾一簇簇扁平、引人注目的白色花朵似乎漂浮在树叶之上，接着就会结出鲜红色的果实，吸引鸟儿也飞过来尽情享用。

欧洲荚蒾（*V. opulus*）五月开白花，秋天和冬天结红色的浆果，五颜六色的秋叶很迷人。这种高大的植物高和宽可以达 3.7 ~ 4.6m，但是"聚头"荚蒾只有它的一半大小；而"矮荚蒾"很小，高和宽只有 60cm。人们过去采收箭木荚蒾（*V. dentatum*）的茎作为箭杆。如今，人们更喜欢欣赏那一小丛笔直的茎，它在日常的花围中极富特色。有光泽的脱落性绿叶在秋天变成不同色调的红色、紫色或橙色，初夏的乳白色花朵凋谢后结出蓝色的浆果，深受鸟类的喜爱。

常绿荚蒾包括皱叶荚蒾（*V. rhytidophyllum*），一种直立的灌木，绿色叶片有光泽，于冬季较寒冷地区生长的荚蒾在隆冬时叶片会脱落。大而扁平的白色花簇在仲春盛开，红色的浆果变成黑色。棉毛荚蒾（*V. tinus*）是一种直立的灌木，可以修剪成树篱；粉色花蕾和一簇簇略带芳香的白色花朵在冬末和早春出现，在夏天结出蓝色浆果。大卫氏荚蒾是一种小型灌木，叶片深绿色，可突显出无香味的白色花朵和漂亮的蓝色浆果。

绣线菊

荚蒾

第10章

特色花园

追求特色是园艺工作的乐趣之一。所获得的园艺经验越多，越有可能被特定类型的花园所吸引。不久之后，你可能会发现自己选育了许多极富个人特色的植物，比如黄花菜或玫瑰，建造了种植水草的池塘，或者把整个院子变成了能吸引鸟类和蝴蝶的野趣庭院。前几章介绍的很多信息可以帮助你开始种植选定的植物，这一章将帮助你深入探究三种不同特色的花园。

鸟园

在我们日常生活中，鸟类在大多数人心中都是最熟悉的生物之一。它们的歌声为清晨增添了乐趣；它们的羽毛使人赏心悦目；它们的来来去去预示着季节的变化。大多数的庭院总会有几只鸟光顾，不过，要吸引更多的鸟光顾并不难，甚至还可以让它们在庭院里短期组建家庭。

像所有的动物一样，鸟类需要食物、住所和水才能生存。它们更有可能经常出现在能集齐这三种要素，而不是只有一种的地方。你可以种一些能作为食物和庇护所的植物，为了进一步吸引鸟类，还可以提供投饲机、鸟舍以及一个用来让鸟喝水的水盆或池塘。

鸟类的具体需求因特定物种、地点和时间的不同而有很大差异。以食物为例，冠蓝鸦吃各种各样的昆虫、种子和水果，但大多数鸟类的饮食都比较单一。鸣禽和蜡嘴雀主要以种子为食；反舌鸟和太平鸟喜欢吃浆果；鹪鹩和啄木鸟主要吃昆虫；蜂鸟吸食花蜜。不过，鸟类的饮食常常随着季节的变化而变化。蓝知更鸟在夏天吃飞蛾和其他飞虫，在冬天昆虫不足的时候转而吃浆果。当蓝莓开始成熟时，知更鸟甚至不再吃蚯蚓而只吃蓝莓。

考虑到这种多样性，如果你想吸引更多数量和品种的鸟类来你的花园，重要的是要知道所在地区有哪些鸟类，以及其特殊需求和偏好是什么。自然博物馆和熟悉你所在地区的知识渊博的鸟类爱好者，以及当地的图书馆都是很好的信息来源。

鸟园既美观又实用，如左图。用水盆作为视觉焦点，混合种植一些能结种子的观赏植物和防护性灌木。

水景花园，下页图，使你可以追求特定的兴趣并积累所选植物或花园类型的专业知识，同时在庭院打造出独特的区域。

鸟园的设计

以吸引鸟类为目的的庭院设计并不会与其他园艺理念相冲突，但你会面临一些选择。整洁、有条理的庭院和植物品种、数量单一的庭院仅能为鸟类提供有限的遮挡物和食物，那些由各种树木、灌木、草、多年生植物、藤蔓植物和一年生植物组成的多样化景观庭院则更吸引鸟类。与修剪整齐的花坛和大面积的草坪相比，略微修剪的树篱、灌木和其他植物组成的自然景观也更适合鸟类活动。

如果鸟只是你的众多园艺兴趣之一，可以考虑将庭院的一部分专门用作鸟园。野生动物在不同的生境相交处会大量繁殖，自然学家称之为"边缘效应"。你也可以通过在自家房子的一角或沿着院墙种植一小块林地来创造类似的条件。树种在最后面，然后是各种类型和大小的灌木延伸到草坪。或者也不必是精心打理的草坪，留出一片草地，让原生的草类和野花在那里混种在一起。下文将讲述如何在庭院为鸟类提供三要素：食物、住所和水。

食物

只要全年提供一个喂鸟器，就可以吸引很多鸟。但是喂鸟器只是鸟类世界的快餐驿站，为了给更多种鸟类提供更多样化的食物，可以设计一个"喂鸟器"景观。可以种植能提供各种种子、果实、坚果的植物，或能吸引昆虫的植物，昆虫是鸟类最喜欢的食物之一。

花园里的食物 试着用鸟类喜欢吃的植物来吸引喜欢的鸟类。蜂鸟特别喜欢开红色花或漏斗状花的植物，如倒挂金钟、钓钟柳、凌霄花和香蜂草。试试种植一年生植物和多年生植物，看看它们能吸引哪些鸟类；但是乔木和灌木需要投入大量的时间和金钱，所以为吸引鸟类进行种植之前应做一些调查。

下面是一些在规划庭院和选择植物时要记住的基本原则：

- 种植本土植物（所在地区的本土植物），而不是外来植物。当地的常见鸟类对植物的喜好在该地区一定有着悠久的历史。

- 创建一个多样化的植物清单，混合种植能结种子和浆果的植物（见下页）。还应种植能作为昆虫隐蔽所的植物（赤杨木、橡树、柳树）。也许引诱来的一些昆虫是花园里的害虫，或是这些害虫或其他害虫的天敌，无论如何，鸟儿都会尽情享用。

- 精选的植物可为鸟类储备全年食品。野花和野草的干枯种穗为鸟儿提供了秋冬的草料，也为你提供了冬季的美景。

鸟园既美观又实用（左图），可混合种植一些能结种子的观赏植物和防护性灌木。

特色花园（右图），使你可以追求特定的兴趣并积累所选植物或花园类型的专业知识，同时在庭院打造出独特的景观区域。

吸引鸟类的植物

以下是部分对鸟类有吸引力的植物。植物按常用名列出；某些特定的物种或为了避免混淆时，植物学名称也会一并列出。

符号说明

所列植物可以为鸟类提供食物或庇所，如下列符号所示：

浆果 　　花蜜

种子 　　庇护所 △

紫杉浆果状的果实（上图）和冬青的果实（下图）是冬季鸟类理想的食物。

乔木和灌木

- 赤杨木
- 金钟柏
- 白蜡树
- 映山红和杜鹃花
- 伏牛花
- 月桂树
- 桦树
- 黄杨叶栒子
- 山茱萸
- 接骨木
- 冷杉
- 山楂树
- 铁杉
- 冬青
- 桧柏
- 橡树
- 松树
- 灌木月季
- 唐棣（*Amelanchier*）
- 云杉
- 荚蒾
- 紫杉

多年生植物

- 紫菀
- 香蜂草
- 黑眼菊
- 钓钟柳
- 紫松果菊
- 一串红

藤本植物

- 金银花（*Lonicera heckrottii* and *L. sempervirens*）
- 凌霄花
- 五叶地锦

地被植物和草类

- 常春藤
- 芒草
- 小盼草（*Chasmanthium latifolium*）
- 狼尾草（*Pennisetum species*）
- 蒲苇（*Cortederia selloana*）

一年生植物

- 大波斯菊
- 倒挂金钟
- 鼠尾草
- 向日葵
- 凌风草（*Briza maxima*）

庇护所

不同的鸟类对庇所有不同的要求，不过所有的鸟类都需要一个休息的地方，以保护它们免受风、雨、雪的侵袭，尤其是遇到危险，如当受到鹰的攻击时，所有鸟都愿意到附近的灌木丛中避难。

鸟类还需要一个安全的地方来抚养幼鸟，筑巢的需求特别明确。鸟儿可能会对筑巢处很挑剔。例如，灶巢鸟会在林地建造一个圆顶小屋，而黄鹂会在榆树或枫树的枝头织一个精致的"袋子"。

许多为鸟类提供食物的植物同时也能为它们提供庇护。然而，因为鸟类可能并不总是在觅食的地方筑巢，因此多样化的景观就可以容纳更多种类的鸟。应选择不同高度的植物并适当调整密度。几棵大树在一块住宅区中占主要地位，但不能像灌木和小型乔木那样吸引各种不同的鸟类。常绿树木对鸟类特别有吸引力，冬青、刺柏、松树、铁杉和雪松都是鸟类全年的庇护所和食物来源。在气候温暖的地区，常绿的橡树和广木兰同样如此。

庇护所不必是活的植物，枯死的树木、灌木、中空的原木和屋檐对鸟儿都很有吸引力。为了吸引野生动物，你可能需要控制你对整洁环境的渴望。适度凌乱的景观对鸟类和其他生物更有吸引力。

鸟舍 不能提供某种鸟筑巢所需的自然遮蔽物时，放置鸟舍可能就是个很好的解决办法。几乎每个人都能建造令人满意的鸟舍（或者更准确地说是巢箱）。所需的不过是一个手锯、一个手摇曲柄钻或电钻、一个锤子和一些钉子，还有一小块或新或旧的2cm长的木料。

鸟类并不在乎建筑物的样式，但它们特别在意住处的内部尺寸、入口的大小和鸟舍离地面的高度。下页提供了适用于不同鸟类的关键尺寸。

鸟舍除了大小要适宜，还应容易清理，这样就可以年复一年地使用了。活动地板或装有铰链的屋顶或墙壁最方便进行清洁。因为鸟舍在一个季节里可能会被使用不止一次，所以在雏鸟羽翼丰满离开鸟巢后应清理旧鸟巢，这样就可以为下一对筑巢的鸟做好准备。

不要把鸟舍密封起来。记住，在温暖的日子里，严密封闭的鸟舍会很闷热。如有必要，增加缝隙以利于通风。为让雨水排出去，应在鸟舍地板上钻一个小洞。

与在风中摇摆的箱子相比，鸟类更愿意在稳固的箱子里筑巢。如果要把鸟舍安装在杆子上，应增加一块挡板，以阻止讨厌的来客。安装鸟舍时，试着像鸟一样思考——哪里最安全？哪里不会受到捕食者的攻击？

灌木可以为鸟类提供庇护，这种生长繁茂的小檗也能为鸟类提供食物。

鸟舍的建造必须依照想吸引的特定鸟类的技术参数，包括鸟舍离地面的高度。

鸟舍尺寸

（单位：cm）

鸟类	内部（长 × 宽 × 高）	入口（直径 × 距地板高度）	高度（距离地面的高度）
蓝知更鸟	10×13×20 ～ 30	4×15 ～ 25	150 ～ 300
山雀	10×10×20 ～ 25	3×18	180 ～ 450
卡罗来纳鹪鹩	10×10×15 ～ 20	3×10 ～ 15	150 ～ 300
北扑翅䴕	18×18×40 ～ 45	6×36 ～ 41	180 ～ 600
绒啄木鸟	10×10×23	3×18	150 ～ 450
莺鹪鹩	10×10×15 ～ 20	3×10 ～ 15	180 ～ 300
美洲家朱雀	15×15×15	5×3	240 ～ 360
五子雀	10×10×20 ～ 25	3×18	360 ～ 450
北美洲紫燕	15×15×15	6×3	300 ～ 600
鸣角鸮	20×20×30 ～ 38	9×23 ～ 30	300 ～ 900
小山雀	10×10×20 ～ 25	3×18	150 ～ 450
白肚燕	13×13×15 ～ 20	3×10 ～ 15	300 ～ 450

水

最后一个要素是水，水的供应可以很简单，也可以增添一些创意，这取决于你的选择。传统的基座式水盆相对较便宜，几分钟就能安装好，就像一个小型的喂鸟器，能满足过往鸟类的需要。另一种是庭院池塘，能完全融入以自然景观为主的生境和花园。

各种浅容器都可以用来做小鸟戏水盆。小鸟戏水盆的功能同天然浴缸相同，其底部坡度平缓，让鸟儿可以找到一个觉得舒服的深度，对大部分鸟类来说不要超过 3cm。如果水缸的侧边坡度太陡、水太深，一些部分淹没在水中央的"小岛"可以让鸟能在浅滩处涉水。不是所有的水坑都在地面，小鸟戏水盆可以处于任何高度，而且较高处的小鸟戏水盆使猫科动物更难以观察和捕食鸟类。

鸟类和我们一样喜欢新鲜、干净的水，所以请记住，需要定期更换不新鲜的水或脏水，并及时补充水分。可以做一个滴注式小鸟戏水盆或涓流式瀑布来满足需求，这本身就是一种庭院景观。这些创意可以是滴水的花园软管也可以是精心设计的水池和瀑布。

有羽毛的朋友喝的水应该是干净的。每天清捡出植物碎片，并勤换水，保持吸引力。

喂鸟器

就像所装的食物一样，喂鸟器类型也要因不同鸟类和放置环境的不同而不同。

- **浅盘。**最简单的喂鸟器只是一个浅盘，凹陷处边缘较浅，高高地悬在杆子上。这种装置能吸引各种各样的鸟、松鼠，可能还有其他动物。为了阻止松鼠来偷食，应在喂鸟器下方的杆子上倒置一个铝盘作为挡板。为了不让雨水把食物浸泡，可以给喂鸟器盖上顶盖。

- **料斗。**这种喂鸟器比浅盘有了一些改进。塑料边缘的料斗装着一定量的食物，因为有屋顶，食物能保持干燥。应确保塑料侧面和平台之间的空间不超过 1cm，因为开口较大可能会夹住小型鸟类的头。不过，安装在杆子上或挂在树上的料斗喂鸟器都很容易吸引松鼠前来觅食，所以如果可能的话，请安装某种挡板。

- **管状喂鸟器。**管状喂鸟器最适合挂在窗户旁边，因为很小，不会遮挡视线，而且它们也不太容易受到松鼠的影响。你会发现这种喂鸟器特别适合存放供雀类和其他小鸟食用的飞蓟种子。应寻找坚固的建筑物和优质的材料制作这种喂鸟器。去掉连着的托盘，这些托盘容易被植物外壳和鸟类排泄物弄脏，然后用小砾石填满管道的底部，几乎和底孔一样高，这样就可以防止最底层食物腐烂。

- **美味的饮料。**蜂鸟是自然界最迷人的生物之一，它是一种小巧的、呈宝石色的鸟，能向上、向下、向前、向后飞，倒飞或悬停时，其翅膀每秒拍动 80 次。许多地区都有蜂鸟，可以用含糖液体的喂鸟器引诱蜂鸟逗留，这种液体类似于它们在植物中寻找的花蜜。没有霜冻时将喂鸟器挂起来，经常更换里面的液体，避免真菌和细菌滋生，便可看到这些小小的来访者。蜂鸟喂鸟器可设计有喇叭状的红色塑料"花"，这是蜂鸟无法抗拒的诱惑。

喂鸟器的食物

食物	吸引的鸟	备注
向日葵籽	山雀、红雀、雀类鸣鸟、蜡嘴雀、五子雀、小山雀	带皮的种子比去皮的种子便宜，对鸟类来说更易于接受，而且更有营养
小米	地面进食的鸟类（鸽子、灯芯草雀、麻雀）、红雀、松金翅雀、紫织布鸟和一些水禽	这些又小又圆的种子很便宜
红花种子	红雀	松鼠、乌鸦和白头翁都不喜欢吃这些种子
蓟籽	雀类鸣鸟、灯芯草雀	这些微小的黑色种子富含油脂和蛋白质，但价格昂贵。有些品种来自尼日利亚，也称为油菊籽
玉米：整粒或粗粉	大型鸟类（乌鸦），各种飞禽（鸭子）	不易吸水，可以将其撒在地上
玉米：细粉	鸽子，其他中等大小的鸟类	不要沾水
板油	啄木鸟、五子雀，山雀	冬季鸟类的好食物，悬挂在喂食器上

蝴蝶园

蝴蝶就像飞翔的宝石那么耀眼。彩蝶、弄蝶、凤尾蝶、燕尾蝶、帝王蝶和其他蝴蝶在花丛中飞舞或在微风中浮动，为花园带来乐趣。在所有野生生物中，蝴蝶是最容易吸引的生物之一。它们需要充足的阳光，还需要庇护所抵御强风。植物可以为幼虫提供食物，为成虫提供花蜜。蝴蝶喜欢浅浅的水坑，并从中喝水。像鸟类一样，不同的蝴蝶有不同的需求和偏好；当地专业人士可能是最好的信息来源，他们了解所在地区的蝴蝶和能吸引它们的植物。

打理蝴蝶园很简单，就像打理院子角落里的一小块野花田。

你不必为蝴蝶单独开辟一个花园。你可能已经种植了许多它们喜欢的植物，也可以在现有的边坛或花坛上再种一些其他植物即可。应在院子里分散布置吸引蝴蝶的植物丛，而不是把它们都集中在一处。在阳光充足的地方放一两块石头，蝴蝶可以在上面晒太阳。如果你想将一处花圃打造为蝴蝶园，应从小处着手。第一年，种植一株灌木，如蝴蝶灌木；一些多年生植物，如香蜂草、金鸡菊和草夹竹桃；以及一些一年生植物，如大波斯菊和百日草。在第二年和以后的几年里逐渐扩大这个花园，增加幼虫食用的植物和花蜜来源。

蝴蝶对外观设计并不挑剔，它们不在乎花园是否有条理，只要里面有它们喜欢的植物就行。蝴蝶被花朵的颜色和形态所吸引，一般来说，它们喜欢黄色、红色、蓝色及淡紫色的花朵。如果可能的话，应成群种植——蝴蝶如果看到一片彩色，而不是稀疏的植物，就更有可能停下。应选择管状或平顶花，单瓣而不是重瓣花。如果想吸引飞蛾，可以选择一些开着白色或浅色芳香花朵的夜间开花植物，如烟草、夜香紫罗兰、肥皂草和欧亚香花芥。

也可以在花园中种植蝴蝶会在植株上产卵的植物来吸引它们，这些植物同时会为幼虫的生长提供食物。所有的蝴蝶和飞蛾对这些植物都很挑剔，经常只在少数几种植物上产卵。许多蝴蝶以木本植物为寄主植物，但很少有人会种植乔木或灌木来喂毛虫。蒔萝、欧芹和野胡萝卜花都是黑凤蝶的寄主，各种各样的乳草则可作为帝王蝶的寄主。

当你考虑花园的害虫防控时，请记住，大嚼着庭院植物的毛毛虫有一天可能会变成可爱的蝴蝶。蝴蝶幼虫不会对花园的叶片造成很大的损害，但是当你决定控制其他害虫时，要留意它们。一个飞舞着蝴蝶的花园可能会以你的植物被毛毛虫吃掉而作为代价。对蝴蝶来说，没有杀虫剂的环境是最安全的。当你试图控制害虫时，首先应尝试生物预防方法；如果你确实需要使用化学防控方法，应使用影响最小的方法，并有选择性地使用。

蝴蝶园通常有阳光、遮阴处、水和植物，植物包括蓝盆花、葱属植物、夹竹桃、紫菀和雏菊等。

对蝴蝶有利的植物

这些植物能分泌花蜜来吸引蝴蝶。植物按常用名列出。需要特指时会列出植物学名。

葱属植物	薰衣草
紫菀属植物	马利筋
香蜂草	五星花 (*Pentas lanceolata*)
黑眼菊	紫松果菊
大叶醉鱼草	草夹竹桃
红花山桃草	红缬草 (*Centranthus ruber*)
金鸡菊	山萝卜属植物
大波斯菊	琉璃菊
雏菊	向日葵
斑茎泽兰	马鞭草
马缨丹	百日草

学习蝴蝶的相关知识

　　要想知道哪些蝴蝶会频繁光顾你的庭院，你需要仔细观察，无论它们是路过还是在此停留一个季节。在街坊附近，到附近的田野和公园，或沿着开阔的树林去实地考察一番。注意看蝴蝶和它们经常停驻的植物。如果你不知道蝴蝶和植物的名字，写下有关描述或者给它们拍照，这样以后就可以查询它们的名字了。当地的自然博物馆是了解当地蝴蝶极佳的信息来源。

大醉鱼草和帝王蝶

紫松果菊和弄蝶

细香葱和虎燕尾蝶

紫菀和帝王蝶

大豹斑蝶

黄缘蛱蝶

马利筋和黑凤蝶

水景园

几乎任何风格家庭庭院景观中加入池塘都是令人赏心悦目的。水有舒缓心情的作用，花几分钟时间在花园池塘边沉思，可以忘却一天的忧愁。在炎热的天气里，看到池塘会让人精神振奋，尤其是在降雨少的地区。除了水的魅力，花园池塘还使你可以种植一些迷人的、美丽的植物。池塘里还可以放几条鱼，还会有青蛙和鸟类光顾，池塘可以成为欣欣向荣的庭院生态系统的中心，也是孩子和大人久久迷恋的去处。

水景园可以在任何正式或非正式的景观中提供一个凉爽的休息场所。

规划水景

即使打造小池塘也需要花费相当大的精力和费用。而且，一旦建好了池塘，要移动它会非常困难。花点时间考虑如何让池塘融入庭院景观和家庭活动。可以与有经验的专业人士交谈，从他们的经验中学习。规划水景的时候，应考虑下面的细节：

- 水生植物是喜阳植物，所以应把池塘建在每天至少能接受 6～8 小时日照的地方。

- 不要把池塘建在庭院的最低处，建在那里会堆积每次的降雨和杂物。需要一块低于池塘的土地来接溢出的水，并吸收清洁池塘的时候排出的水。

- 避免在有树根、岩石或其他障碍物的地方挖掘建造池塘。

- 记住，池塘的水位会随着自然的变化而变化；相对平坦的位置可以省下大量平整场地的工作。

- 在挖掘池塘之前，要先了解所选场地下方是否有线缆等物，如果有则应另外选址。

如何打造池塘

工具和材料：铁锹，木工水平尺，木桩和绳子或橡皮软管，石灰粉，长木板，石头和卵石，细沙，砂浆（可

1 画出池塘的形状。打一根木桩，从木桩上拉一根绳子作半径画圆圈，可以很轻松标记出规则的圆型池塘。一段橡皮软管在标记不规则曲线时很有用，用软管确定不规则池塘形状，然后在地上用石灰粉标出来。

2 挖一个坑，坑壁斜度大约 75°。池塘边界的一部分挖成较浅的缓坡，这样就可以模拟天然池塘，吸引鸟类；在靠近边缘的地方留一个架子种植浅水湿生植物；另外一处挖 0.6m 深的坑种植睡莲。记得清理可能扎破衬垫的杂物。

3 要把池塘底部铺平，可以在池底不同点横放一块木板，然后在上面放一个水平仪来辅助判断。用挖出的土回填低洼处，然后压实。绕着坑沿周边挖一个平台，要能容纳所使用的顶石的尺寸，加上放置顶石的细砂或砂浆。

池塘的大小和形状很大程度上取决于个人喜好，但植物和鱼对池塘有一定的要求。不同品种的水生植物生长在特定的深处，水面以下几厘米到几十厘米不等。许多池塘的设计就包括一个种植浅水植物的平台，底部约60cm深，可以种睡莲和荷花。若要养鱼，应规划一个超过60cm深的区域。在温暖的气候下，水越深在夏天就越凉爽；在寒冷的气候下，冰下可为植物和鱼类提供过冬的地方。

给池塘安装柔性衬垫

常见的池塘衬垫有两种。硬质玻璃纤维预制衬垫很方便，但很昂贵，而且只能在有限的形状和尺寸中进行选择。薄而柔软的塑料（聚氯乙烯，又称PVC）或三元乙丙橡胶（一种合成材料）以更低的成本提供了更多的设计可能性。除了特别小的池塘外，这些柔性池塘衬垫也更容易安装。尽管如此，还是要留出几个周末来完成这份工作。

第一个任务是确定你需要多少衬垫。计算方法是，将池塘最大深度乘以2，加上0.6m（用于搭接），再加池塘的最大长度；宽度的计算同长度。一个0.6m深，4.6m长，2m宽的池塘，总长度是1.2+0.6+4.6=6.4m，宽度为1.2+0.6+2=3.8m。

可以购买专门用于池塘的衬垫，而不是普通的塑料布。较厚的内衬材料也较昂贵，但更结实耐用——20mm的PVC衬垫可以使用10年左右，此后，紫外线辐射将逐渐使其老化；32mm厚的聚氯乙烯衬垫可以使用15～20年；EPDM橡胶衬垫可以使用40年，如果与衬底粘在一起则可以延长使用期限。

天然池塘变成水景园，成为欣欣向荣的庭院生态系统的中心。

难度等级：有挑战性

选），池塘衬垫，衬底，顶石。

4 挖一个满溢出水口，让雨后多余的水流出。这个出水口可以很简单，直接在地面上由池塘向低处挖一条沟渠，或是在地下埋一条排水管。如果挖了沟渠，应注意加一些石头和卵石固定衬垫，同时可以进行遮盖，以防露出。

5 在铺设衬垫之前，在池的底部垫一层1～3cm厚的细砂。在倾斜的池壁上使用地毯底衬或玻璃纤维片。安装衬垫时一定压实，接触到底部和池墙，应拉平坦，防止其皱成一团。边缘用石头压住。

6 将衬垫铺满池塘，弄平周围的衬垫，剪除不需要的部分，能覆盖池沿外30cm宽即可。最简单的池塘边缘处理方法是先铺一层细沙，使边缘平整，再将平底的顶石铺上，防止晃动，顶石高出水面约5cm。

池塘蓄水

新建池塘里的植物和鱼需要干净的水。完成所有的建设后，将池塘现存的水排干。将水排出后清除所有建筑碎片，然后装满干净的水。让水静置一周左右，这样水中的氯气就会消散，再添加植物或鱼。询问当地的专业人士，确定当地的水是否含有某些化学物质，是否需要添加调节剂以确保水对鱼安全。

建立自给自足的生态系统 均衡的植物和水生生物能保持自身的健康和水质清澈。选择水生植物时，请记住有些植物，如鸢尾和梭鱼草是垂直生长在水中的；其他植物，如睡莲、荷花，是漂浮在水面上，会占据相当大的水面空间。

池塘需要一定量的植物和动物混合搭配才能维持自身平衡。当你第一次给池塘配备动植物时，约每平方米的池塘面积种植两束沉水植物和一株浮水植物，使之达到平衡。如果池塘表面超过 $2m^2$，应种植足够的浮水植物（如睡莲和荷花），在夏季水面植物覆盖率达到 $50\% \sim 70\%$（沉水植物可以向水中释放氧气，浮水植物可为动物提供遮阴，并限制藻类生长）。每平方米的池塘可养 $8 \sim 10$ 个小蜗牛或 $6 \sim 8$ 个大蜗牛。如果池塘 $1.1 \sim 1.5m$ 深，每 $0.1m^2$ 的池塘，所有鱼的长度加起来约 $5cm$ 最适合。蜗牛和鱼类以藻类为食，排泄物可以作植物肥料的营养物质。

水生植物的种植

水生植物和园林植物一样都很容易种植。水生植物通常种在容器中，盆栽使植物更容易维护，也更容易移动，以便进行换盆或移到室内越冬。可以购买为池塘植物设计的塑料网或网格篮，普通的盆钵甚至是挖了排水孔的塑料盆也可。在网格篮中铺好粗麻布，防止土壤从洞中漏出。大多数睡莲需要至少 $80 \sim 100kg$ 的土壤，多数其他水生植物需要 $10 \sim 20kg$ 的土壤。

对于所有的池塘植物，应使用肥沃、黏重的壤土。不要使用盆栽土或无土混合物，因为这些介质很轻，容易从容器中飘出来。去除土壤中未分解的有机物，不要添加诸如泥炭藓和堆肥之类的有机改良剂，这些物质分解后会污染水质。

种植莲花或荷花 当花盆沉在水下 $15 \sim 40cm$，深度不超过 $60cm$ 时，耐寒的荷合花会长得很好。喜温品种适合较浅的深度，在水面以下 $15 \sim 30cm$。水温稳定在 $21℃$ 左右时，才能把热带睡莲放在室外。为了减轻移栽给植物带来的影响，可以将热带睡莲缓缓地放入池塘中，这样正在生长的叶片就会浮在水面上。

种植浅水植物和沼泽植物 应使用如上所述的黏重的土壤，然后像你将一盆秋海棠种在花盆中，再把它放在露台一样移种在水边。为了让花盆中的土壤更稳固，可以在土壤表面铺一层约 $1cm$ 厚的冲洗过的砾石。

购买植物时，请先了解植物适合的种植深度。大多数浅水植物在水面下十几厘米深的土壤中生长得很好。其他的浅水植物可以在水面处或水面以上的土壤表面种植。漂浮植物不需要土壤来固定，只要轻轻放入水中即可。如果要限制某种植物在特定的位置上，那么将其固定在土壤里即可。

种植荷花时，要露出植物的冠部和新芽，并在花盆中铺上砾石。随着植株的生长，逐渐将花盆降低到适当的深度。

热带和耐寒睡莲的种植

　　无论是在水桶中就可生长的小型睡莲，还是能铺满整个池塘的大型睡莲，几乎任何大小的池塘都有适合栽种的耐寒睡莲，这些睡莲从夏天到霜冻之间开花，花朵很引人注目，还有的芳香四溢。只要根系处不结冰，耐寒的睡莲可以在寒冷的室外存活下来。这些植物一般不需要防寒措施，除非池塘结冰的深度触及其根系。在较浅的池塘中或极端寒冷的气候下，可以连根茎挖出来，将其储存在室内潮湿的蛭石或沙子中。耐寒的睡莲一般在白天开花。

　　在较冷的地区，可以把热带睡莲当作一年生植物，在每年春天水温达到 21℃ 后进行更换。也可以在夜间温度降到 10℃ 以下前，把整株从池塘里挖出来移到室内，储存在潮湿的蛭石或阴凉的沙子中。热带睡莲白天和晚上都有可能开花。

热带睡莲"艾伯特·格林伯格"

耐寒睡莲"玛格利特"

管理和养护

　　和盆栽植物一样，水生植物需要定期施肥。为水生植物特制的片剂使用起来很方便——只要将其按压进土壤中即可，片剂的使用频率请参照说明书。耐寒睡莲每两三年需要进行一次分根。

　　水生植物很少会招来害虫，但不可能完全避免。如果你的池塘里有鱼或其他野生动物，大部分的杀虫剂都不能使用。睡莲和其他植物上的蚜虫可以用水冲落。去除毛毛虫时，可以使用生物防控，引入鸟类和益虫驱虫。良好的环境卫生有助于预防病虫害，还能保持水质清澈和对野生动物的吸引力。植物枯萎、患病、受损的部分应马上清除，并且保持水里没有叶片和其他杂物。

　　在最初的几周内，池塘中的藻类可能会疯狂生长，随着植物的成熟，遮蔽的水面增多，藻类逐渐会减少。如果藻类没有减少，可以尝试添加更多的补氧植物与藻类争夺养分，或加入更多的蜗牛吃掉藻类（专门经营水生植物的园艺店会出售补氧植物）。万不得已时，你可以尝试为控制水池中的藻类而设计的化学防控方法——应确保使用时不会伤害其他植物或鱼类的。

　　冬季养护　所在地区耐寒的植物也可以在池塘里过冬，只要池底不会结冰即可，表面的一层冰有隔绝保温的作用。在严霜后修剪植株，把植物盆栽放在池塘底部。鱼也可以在冰下过冬，但需要在水面钻一些透气孔，保证水中的氧气充足。

一些推荐的水生植物

植物名称	植物特点
深水植物	
耐寒睡莲 (*Nymphaea* species)	品种众多，花醒目，微香，星形，有许多种颜色。叶片漂浮在水面上，花朵在正上方
热带睡莲 (*Nymphaea* species)	品种众多，比耐寒睡莲的花更大，开花数量更多，花很香。应寻找夜间和白天都能开花的品种。在冬季气候寒冷的地区作为一年生植物种植，或在室内过冬
中深植物	
莲花 (Nelumbo species)	大而美丽的花，漂亮的叶子宽达 60cm，高出水面 1.5m。它长出的莲蓬同样很吸引人。喜热植物，在夏末开花。需要大容器和大量的肥料。种植深度 15 ～ 60cm
浅水植物	
慈姑 (*Sagittaria* species)	因其独特的叶形而著名；叶片高出水面几十厘米。花短小，仲夏到暮夏长在穗状花序上。慈姑能为水体提供氧气。它剑状的叶片可以长到 90cm 高
香蒲 (*Typha* species)	孩子们最爱的植物，有长长的草似的叶片和长有雪茄形状的柔荑花序。若是种在水景园，应栽种拉克西曼尼香蒲，它比普通香蒲要小，繁殖能力也没那么强
矮纸莎草 (*Cyperus* isocladus)	大大的绒球样花穗，叶片淡绿色，长在 60 ～ 90cm 高的芦苇状细茎的末端。这种热带植物在冬季气候寒冷的地区作为一年生植物种植或在室内过冬
鸢尾 (*Iris* species)	美丽的开花植物，黄旗、蓝旗和路易斯安那鸢尾生长时根部需有足够的水分。平叶鸢尾因其条纹叶子而被人们广泛种植。适用区域因品种而异

荷花

山芋纸莎草

植物名称	植物特点
浅水植物	
梭鱼草 (*Pontederia* cordata)	叶片呈针形，生在 60cm 长的主茎上。在夏末长出能开很长时间的星形蓝花花穗
白菖蒲 (*Acorus* species)	它有草似的、鸢尾状的叶片。有的品种有条纹（杂色），有的品种较小
金银莲 (*Nymphoides* species)	它的叶片看起来像小的睡莲叶片。夏天开芬芳的星形白花。这种植物有入侵性
湿地植物	
红花半边莲 (*Lobelia cardinalis*)	在夏末，一簇簇可爱的红色花朵会长到离地表 0.9 ～ 1.2m 的高度
樱草花 (*Primula japonica*)	高高的茎上开轮生的红色、粉红色或白色的花
驴蹄草 (*Caltha palustris*)	在春天或初夏，可欣赏漂亮的毛茛科花和翠绿色的叶片。植物在开花后大约一个月就会枯萎并进入休眠期
水中自由浮动的植物	
水蕴藻 (*Elodea canadensis*)	生长在水中的优良供氧植物。在不结冰的深水中可存活
凤眼蓝 (*Pistia stratiotes*)	这种植物的小叶片看起来就像漂浮的沙拉。因其具有高度入侵性，在某些地方不允许种植，购买前应先确认
聚藻 (*Myriophyllum aquaticum*)	制氧能力高，叶片柔软如羽毛，嫩黄绿色，秋天尖端呈红色，浮到水面上十几厘米高

驴蹄草

凤眼蓝

第11章

果蔬

园艺最大的乐趣之一就是吃自己种的美味蔬菜。无论你是在大片土地上大把大把地采摘西红柿、土豆或瓜果，还是在阳台的花盆里偶尔摘些生菜或辣椒，都一样快乐。果蔬园是许多人的第一个花园，对孩子们来说，这也是一个很好的园艺入门起点。这些植物种植起来并不难，收获也很快。

上图，将你的果蔬园规划得赏心悦目，同时也提供新鲜的瓜果蔬菜。

下页图，对于许多人来说，果蔬园是园艺乐趣的入门课。

规划果蔬园

很少有人会想到像设计园林一样来规划果蔬园，虽然设计标准可能与设计多年生植物花坛的标准大不相同，但过程是相似的：你需要想清楚什么植物种在哪里，有什么目的，能产生什么效果，只不过果蔬园的实用性比美观性更重要。规划设计不仅仅是为了赏心悦目，更是为了最大限度地提高产量，充分利用有限空间，避免病虫害，便于维护和收获。但是，果蔬园仍可以是一种美的享受。根据蔬菜的颜色、纹理、形状和口味来选种植物，发挥想象力将其结合起来，有时还可以连同观赏植物一起混种，可以形成非常漂亮的"可食用植物景观"。

如果这是你的第一个果蔬园，应从小处着手。想象一下，早春时节，当你望向窗外，一个植物种类丰富还可以为家人提供所需食物的花园不免让人憧憬。但请记住，打理果蔬园要付出很多劳动——是的，虽然果蔬园可以提供美味的食物，不过还是要辛勤劳作。开始时先开垦一小片土地更容易养护。你会惊喜地发现，在一块 3m×3m 的土地上可以种出很多食材。

规划指南

- 挑选位置。
- 整地和改土。
- 选择适合当地环境且抗病虫害的植物。
- 种植、间隔、支撑和浇水都应适当。
- 控制杂草和病虫害。

有些人会习惯在纸上画出果蔬园的设计图，有些人则会在他们的头脑中制订计划，或者在种植的时候逐渐形成计划。纸上的设计图提供了有用的记录，你可以记下哪些工作已做而哪些没有，也可以记下对未来种植的想法。把你的计划记在笔记本里，以后回顾往年的计划和笔记也会很有趣。

选择场地

果蔬园选址不当很容易造成作物产量低下的情况，使人面临棘手的局面。土壤好是一个优势，不过大多数土壤都可以进行改良。选址更重要，果蔬园需要与家中的其他活动区域和花坛协调一致。除此之外，要找一个每天至少接受阳光 6 小时且远离树木的地方，因为树会与蔬菜争夺水分和营养。平坦或稍微倾斜的地面是最好的。应避免选择陡峭的斜坡和低洼处，以免雨后土壤冲刷或积水。如果你所处位置多风，应为果蔬园找一个掩蔽处。在许多地区，果蔬园需要定期浇水以补充降雨的不足，因此，室外有水龙头最好不过。最后，每天都能经过的果蔬园会比一个在院子尽头总被遗忘的果蔬园能得到更好的照料，它会更迷人也更高产。

如果果蔬园选址不理想，也不要太失望，大多数问题都是可以解决的。你可以挖掉或修剪树木来为果蔬园增加光线。在土壤很差或排水不好的地方，可以建造高设花台，填入改良的土壤或购买表土。陡峭的斜坡筑成坛就可以使用。浓密的树篱或爬满藤蔓的篱笆可以阻挡强风。最后，如果你的庭院条件有限，或者你只想种植少量的蔬菜，也可以在平台或露台上布局一个果蔬园。

高设花坛可改造土壤贫瘠但日照充足的场地，使其成为理想的园艺用地。

肥沃的土壤

就像观赏性植物一样，蔬菜在健康的土壤中也能茁壮成长，健康的土壤需确保肥沃、排水性良好但有保水性。第二章中讨论的土壤质量评价和改良方法同样适用于果蔬园。菜畦和多年生植物花坛的主要区别在于每年你都可以对果蔬园的土壤进行大量的改造或改良。可以定期进行土壤测试，检查 pH 值和各种营养物质的含量，并在秋季或春季整地时添加土壤改良剂来解决问题。

在冬季气候较寒冷地区的人们给果蔬园整地通常分两个阶段。在清理完秋季遗留的杂物后，用铁锹或旋耕机翻土，掺入肥料、秸秆或碎叶，这些物质会在冬季开始分解。春季，土壤解冻后重新翻地。在这个

小提示

绿肥

如果想省钱或不容易获得其他有机质，可以用绿肥来改良土壤，只需要买一些种子就可以在需要的地方种植大量的有机物质。常见的绿肥（也称为覆盖作物）是速生谷物，如冬黑麦或荞麦以及三叶草或大豆等固氮的豆类作物，这些绿肥植物在秋季或春季种植，或在两茬蔬菜作物之间种植。将这些绿肥植物在要种植蔬菜的几周切短，然后翻入菜畦（使用旋耕机很容易就能完成这项工作）。在生长过程中，绿肥植物可以保护土壤表面免受风和水的侵蚀，它们的根也可以帮助疏松土壤。切下翻入土壤后，绿肥在分解的过程中能提供大量的有机物，同时改善土壤的耕性和肥力。

绿肥非常适合用于增加有机质和改善贫瘠的土壤。根据植物和用途的不同，绿肥会占用土壤至少一个月的时间，所以要好好利用自身需求进行规划。要了解如何在你所在地区使用这些绿肥植物，可以向专业人士询问有关信息。

时候，将所有生长的覆盖作物、混合堆肥和任何可能使用的肥料都翻进去。秋季添加石灰效果最好，不过肥料最好在春季添加，否则，冬雪和春雨会使其中许多即时可用的养分流失。

在冬季气候温暖的地区，通常一年四季都可以种植蔬菜，此类地区土壤有机质分解得很快，必须更经常补充。由于没有寒冷冬季的休耕期，这些地区可以在收获一茬作物和种植另一茬作物的期间改土和整地。

关于果蔬园整地，有很多种观点。有些人只添加有机土壤改良剂和有机肥料；另一些人则使用合成肥料；还有一些人用堆肥和有机改良剂来培植土壤，并尽量少耕。在第 2 章和第 3 章中概述的整地和土壤维护方法可以帮助进行工作准备，并可以使用很多年。

稳定供应有机覆盖物（绿肥植物）保证了果蔬园的土壤肥沃。有机覆盖物可以改善土壤结构，并在分解时为植物提供养分。

种植什么植物？

当你用年复一年收获来的种子种植时会有一种传承的乐趣。但尝试新品种也很有趣，不同种类的蔬菜数量比超市提供的品种要多得多，而且每一种蔬菜的品种都多得惊人。不要害怕探索这个丰富的领域。在果蔬园里种植多种不同的生菜，或者也可以尝试种些迷人的紫色土豆。试着种一种世界上最辣的辣椒怎么样？还是最甜的西瓜？越来越多的苗圃和园艺店能提供更多蔬菜及其不同品种的选择。

选择植物的时候，挑选能适应所在地区环境条件的植物以获得最大的产量，问题也最少。每个地区都有专门经营适应当地条件植物的苗圃或园艺店。植物育种专家已经培育出了许多普通蔬菜的抗病和抗虫品种。他们的努力工作可以让你免于在果蔬园里与病虫害作斗争。

某些原生种西瓜会比现代杂交品种味道更好，不过，可能抗病能力较弱。

果蔬园的布局

我们大多数人都把果蔬园想象成有一排排植物的长方形地块，这种布局易于照料、浇水和收获。但是，果蔬园可以设计成不同的形状和结构以适应房屋的布局或种植者的习惯。规划果蔬园时，应记住以下要点。

确保方便出入果蔬园　一定要为种植、维护和收获提供足够的通道。小路宽能足以容纳手推车或篮子。布局好菜地和小路，这样不用走到菜地里就能够到大多数植物（蔓生植物如南瓜和甜瓜除外）。

应考虑植物的株高和扩散性　在果蔬园的北面种植高大的作物（玉米、西红柿、有格子架支撑的黄瓜或其他作物），这样就不会遮挡其他蔬菜的阳光。一定要给像南瓜、黄瓜和甜瓜这样的蔓生植物足够的空间，否则它们会吞没庭院中其他的部分。如果空间不够，可以考虑多在格架上种植这些植物（注意需要支撑较重的果实）。

尝试间作　为了充分利用有限的空间，可以考虑间作。在生长较慢的作物（如西红柿或西葫芦）之间种植快速生长的作物，如萝卜。在生长缓慢的植物占领空间之前，速生植物就能收割。也可以把地上作物和块根蔬菜组合起来种植，例如，在胡萝卜或甜菜中间种植莴苣。仲夏成熟的莴苣和其他沙拉作物也可以从高大的植物中获利，将它们种植在成行的玉米或扁豆的东面可以躲避下午的暴晒。

运用连作　如果气候条件允许，可以计划利用果蔬园的空间来连作。例如，在冬季气候温暖地区，通常一年四季都可种植蔬菜。春天种植暖季作物，如玉米、西红柿、辣椒、南瓜、黄瓜、秋葵和茄子。这些植物在炎热的天气下能旺盛生长，在夏秋两季进行收获。在秋天和早春，种植凉季作物，如生菜、菠菜、沙拉作物、卷心菜、西蓝花、花椰菜、豌豆和洋葱。这些植物在较低的温度下生长得最好，甚至可以在霜冻环境中存活。整个冬天到夏天，在气温升得太高之前都可以收获。

如果冬天和夏天气候较温和，北方地区可以在早春种植一些在春末就能收获的植物；在仲夏到暮夏种植其他植物，在秋末收获。在生长季节很短的地方，要么在同一时间种植多种作物，要么依靠延长生长季。

提供适当的间距　对蔬菜作物来说，植株适当的间距尤其重要。这些植物往往比许多观赏植物更容易受到病虫害的侵扰，植物太密的时候，就会变得特别脆弱，因为由于对水、养分和阳光的竞争加剧，产量也会减少。应遵循种子袋上有关间距的建议。在结构不规则的花园里，可以进行分块种植。如分块种植，则可以忽略较宽的行距建议，但不同块区植物之间应保持合适的间隔。

在蔬菜中混种开花的观赏植物可以给益虫提供花蜜、花粉和庇护所，以便其产卵、化蛹。

种植和养护

蔬菜幼苗和种子的种植方法，无论是盆栽还是在果蔬园中直接播种，均与第4章观赏植物相同。应记住，霜冻期或土壤温度较低会延缓许多植物和种子的生长甚至导致植物死亡。种子包装袋和植物标签上有种植时间和关于如何播种或幼苗间隔的基本信息。

如第3章所讨论的，蔬菜和观赏植物花圃的后续养护有许多相同的要求——支撑、施肥、除草和浇水。一些蔬菜需要用木桩、笼子或者格子架来支撑，能充份利用空间还可保持果实的干净和健康。

营养物质

蔬菜植物需要施肥。即使有肥沃的土壤和优质的堆肥覆盖物，也需要额外提供营养物质，以促进植物的健康生长、提高产量。可以使用与观赏植物相同的肥料，如第2章所述。应遵循包装上有关使用时间和用量的建议。一般来说，西红柿和辣椒等结果作物在第一次开花时施肥，其生长效果最好。多叶类作物如菠菜和莴苣，在种植前1～2周给土壤施肥，则会生长得茂盛。另一方面，根茎类作物的土壤在种植前一年大量施用缓释有机物质，植物生长最好。明智的做法是把它们种在去年种植南瓜或玉米并施过肥的地方，这两种都是需要大量施肥的作物。

浇水

蔬菜需要持续稳定的水分供应才能生长得很好。虽然许多蔬菜在不下雨或不浇水的情况下可以存活2～3周，不过，对大多数蔬菜来说，每周平均浇3cm深的水较为理想。在大部分地区，蔬菜需要比自然降水更多的水分才能生长得更好。可以用喷壶或软管手动给幼苗和单株植物浇水，但这类方法只适用于小型果蔬园，中大型果蔬园并不实用。顶喷式喷灌器可以一直开着，直到浇足够的水为止。但在炎热或多风的天气里，这种设备会浪费水，而且会在浇湿植物根部的同时弄湿叶片，成为真菌病害滋养地。

蔬菜的支撑结构

把西红柿系在木桩上或种在笼架里，防止其蔓延整个花园，并保护果实免受损害。你可以把主茎绑在结实的木头、竹或金属桩上。或者用自制的笼架围住植物，也可以从苗圃或园艺店买一个笼架。第一次在花园里定植时，就应设置木桩和笼架。

可以用圆锥形或网状棚架支撑豆角和黄瓜。做圆锥形棚架时，用三根1.8～2.1m长的竿子（竿子的效果很好）做一个三脚架环绕植物。将底端插入土壤中约30cm，将顶端聚集在一起，用绳捆好，再将网状棚架固定在牢固的竿子上，竿子插入土壤30～60cm。

用麻绳或网状格架支撑矮豌豆等低矮的植物。播种的时候也可以在菜畦中插入一些细树枝，这些植物可以沿着细枝生长。支撑物使茎和豆荚远离地面，使之更容易收割，并促进植物健康生长。

给蔬菜浇水最经济、最健康的方法是用浸水软管或滴灌系统（见第 3 章）。这两种方法都能将水分输送到植物根区，还可以设置一些滴灌系统，为单株植株和成行种植的植株提供水分。浸水软管或滴灌系统可以装配计时器，在为植物提供稳定供水的同时避免浪费。

用滴灌系统浇灌果蔬园，在节约用水的同时也能提供稳定良好的生长条件。

延长生长季

在春季和秋季植物受霜冻影响限制生长的地区，可以使用覆膜技术来延长植物生长季。虽然这些方法增加了成本和劳动量，却可以让人在一年中有更多时间开心地吃自家种植的蔬菜，这也是丰厚的回报了。春季，可以用聚酯纤维小型拱棚、塑料棚、玻璃纤维锥形体或自制的器具，如切掉底部的塑料桶进行覆盖，保护作物免受晚霜的冻害。有一种创新性产品，通过将植物围在一圈充满水的绝缘管子中来防止植物遭受冻害。一旦天气足够暖，或花开始开放，就可以移除这些装置，以便昆虫为花朵授粉。生长季太短、土壤太冷都不适合西瓜、茄子和辣椒等喜热植物生长的地区，可以用黑色或红外透光（IRT）塑料薄膜或黑色地膜进行

覆盖来种植这些作物。在种植前 1 ~ 2 周铺好覆盖物，接着将移植物插入覆盖物的 X 形切口中。

在生长季结束时清理塑料覆盖物，否则它就会降解成小碎片，接下来的几年里就需要不断地从土壤中将塑料碎片清理出来。

在仲夏时节，塑料或织物遮阳布为不喜热的作物，如生菜或西蓝花创造了一个凉爽的环境。你可以购买塑料遮阳网，或自己用铁箍和粗麻布制作。

在冬季气候温和的地区，除了最柔嫩的作物外，采用小型拱棚或塑料大棚等防护措施，几乎所有的作物都能在冬季生长。在纬度更高地区的冬季，可使用两层塑料结构，一个套一个，帮助耐寒的多叶作物（如羽衣甘蓝、菠菜和球芽甘蓝）过冬。

覆膜技术可以创造一个更温暖或更凉爽的环境。使用塑料大棚能提高环境温度，而遮阳布能使绿叶蔬菜保持凉爽。

大棚将耐寒作物的生长季延长到冬天，如生菜、菠菜和一些绿叶蔬菜。

杂草

　　杂草对于新种植的果蔬园来说通常是一个较大的问题，已投入使用的果蔬园就不受此问题困扰。经过几年的园艺工作，会除掉大部分的多年生杂草，且对杂草幼苗有了敏锐的洞察力，这些草的幼苗很容易拔掉。用锄头甚至不用弯腰就能把杂草除掉。在较大的果蔬园里，可以在行间耕作以控制杂草生长。如果使用除草剂，要确保不会影响作物，并严格按照标签上的说明使用。

　　通过用有机物覆盖果蔬园地面就可以减少耗水量和杂草问题。收获后，翻入有机覆盖物有助于补充土壤肥力。秸秆、碎叶、干草屑、堆肥甚至碎报纸都是很好的覆盖物。在移栽幼苗的地方，可以铺设护根物，然后贯穿护根物进行种植，同时应使护根物远离植物的茎干。可以在行间和播种的土丘周围进行覆盖，或等植物长到几厘米高的时候覆盖。用塑料薄膜覆盖喜热的蔬菜作物对其生长很有效。

黑色塑料薄膜在冬季土壤冰冷的北方地区很有用，但黑色塑料薄膜不适合冬季气候温暖地区，特别是不利于此类地区的西红柿和南瓜的快速健康生长。要记得在生长季末期去掉塑料覆盖物。

稻草覆盖物能将光线反射给植物，保持土壤凉爽的同时增加光照。

病虫害

　　果蔬园的病虫害防治方法同观赏植物病虫害防治方法（见第3章）。不过，你必须确定所使用的杀虫剂被批准用于食用作物。此外，实用性的果蔬园比观赏类的花园多了一个有利条件：因为产量比美观更重要，所以可以使用小型拱棚保护植物免受害虫入侵。在发生病虫害前进行预防才是最明智的方法。不过，害虫或疾病有时会失控，特别是在它爆发的初期。在维持土壤健康并建立平衡的生态系统的时候，如果发现需要控制害虫或疾病，首先应选择毒性最小的方法或化学剂，还可以试着用手把虫子挑到肥皂水瓶里，或用水管喷水把害虫从植物上冲下来，万不得已时再使用杀虫剂，即使是植物性或矿物杀虫剂。

螳螂以其捕食害虫的本领而闻名，但它们捕食蚜虫的同时也可能捕食瓢虫。

常见果蔬植物一览

下文包括一些常见和易于种植的果蔬。从这些作物着手，等学会种植这些基本作物之后，再增加一些比较难种的作物。

描述部分包括对常见病虫害的介绍，但不包括所有可能危害植物的病虫害。同时也给出了生物防治法或毒性最低的防控方法。

菜豆 (*Phaseolus vulgaris* var. *humilis*)

菜豆很容易种植和收获，一年生缠绕或近直立草本，还有黄色、紫色和绿色的栽培品种。除此之外，还可以选择豆荚扁平的豌豆，或较长的豇豆。

应在无霜期后种植菜豆，这种植物在寒冷的土壤中不能发芽。它们需要充足日照和排水性良好、肥力适中、pH 值在 6.3 ~ 6.8 之间的土壤。为了提高产量，种植时应在土壤中施用豌豆和菜豆专用肥。一些瓢虫是菜豆最常见的害虫。应在生长季末期除去藤蔓，并保持良好的种植环境卫生，以减少瓢虫的越冬地点。虫害严重时，可以人工挑拣或使用苦楝油进行控制。

甜菜 (*Beta vulgaris* species *vulgaris*) 和 叶甜菜 (*Beta vulgaris* var. *flavescens*)

甜菜的叶和根都可以食用，而叶甜菜只可食用叶片。这两种作物在适度肥沃、有稳定的水分供应、pH 值为 6.0 ~ 7.0 的土壤中生长得最好。春季和秋季的白天和凉爽的夜晚能促进植物生长，不过这两种作物都能耐受夏季炎热的环境条件。

春季耕地后 1 ~ 2 周可直接种植这两种作物。播种时每行种子间隔约 8cm。因为每个种子实际上是一个包含数颗种子的果实，所以要为植株安排足够的生长空间。当幼苗长到足够大时，间去多余的苗，可以像绿叶蔬菜或樱桃萝卜一样食用。安排好秋季甜菜和叶甜菜的种植时间，使其能在预期的第一次霜冻前后成熟（种子包装上通常会说明植物成熟的天数）。在严寒来临前收割甜菜。可以把叶甜菜留在果蔬园里，尽可能长时间地采摘每株植物的外侧叶片，时间越长越好。可以使用小型拱棚或塑料大棚来保护植物免受雪的影响，这样就能在霜冻后延长几个月的生长季节。

西蓝花、抱子甘蓝、卷心菜和 花椰菜 (*Brassica oleracea*)

尽管西蓝花、抱子甘蓝、卷心菜和花椰菜看似不同，但都属于同一个物种。一般将这些作物称为"芸薹属植物"，而科名"十字花科"指代十字花科中较小的植物，

菜豆

甜菜

包括芝麻菜、甘蓝、大头菜、芥菜、芜菁和萝卜。

芸薹属植物都需要相同的生长条件：充足的阳光、pH 值为 6.0 ~ 6.8 的肥沃土壤、充足的水分和低温。不同栽培品种在不同地区的生长时间和表现有所不同。

可直接购买幼苗移植到花园里。所有十字花科植物，包括芸薹属植物，都能耐受低温，可以在预期最后一次霜冻前 2 ~ 3 周移植。为了延长夏季收获时间，在春季移栽幼苗时，可以再播种一些耐高温品种的种子，这类植物会比移植的植物晚 4 ~ 6 周成熟。对于秋季作物，检查种子包装上列出的"成熟期"，直接播种或进行移植以便植物能在预期的第一次霜冻后 1 ~ 2 周内成熟。

常见的害虫包括甘蓝地种蝇、跳甲、夜蛾毛虫和粉纹夜蛾。可以用小型拱棚覆盖春季和初夏作物，以防止甘蓝地种蝇在植株附近产卵，这些覆盖物还可以防止跳甲的发生。应摘掉所有可看到的毛虫。如果这些毛虫的破坏性过强，可以使用含有苏云金杆菌的杀虫剂，这种细菌通常被称为"BT"（Bacillus thuringiensis），可以杀死幼虫。

根肿病是最具破坏性的病害之一，这是一种土传的真菌病害，即使没有寄主也能存活数年，让受感染的植物产生肿胀的棒状根。可以通过在 pH 值 6.5 ~ 7.0 的土壤中种植植物，并且只使用健康的移栽植物来避免根肿病的发生。其他病害如白粉病和黑腐病，可以通过良好的卫生环境以及为植物留出不会拥挤的、足够的间距来避免这两种病害。

胡萝卜（*Daucus carota* species *sativus*）

自家种的胡萝卜比商店里买的味道好得多，连孩子们都爱吃。

胡萝卜需要充足的阳光，pH 值 5.5 ~ 6.8 的深厚轻质、高肥力土壤和充足的水分。为了避免根分叉，应去掉种植土壤中的石块。如果有足够的水分，胡萝卜在大多数气候下都能长得很好。

当春天土壤开始变暖时播种胡萝卜种子。种子需要长达 3 周的时间才能发芽。将种子与干沙或蛭石混合，会更容易调节间距。

在第一片或第二片真叶出现后间苗，植株间隔 3 ~ 5cm，间苗可以给剩余的植物腾出更多的生长空间。

种在肥沃土壤中的胡萝卜很少出现问题。胡萝卜锈蝇的蛆会在根表面吃出长长的通道。用小型拱棚材料搭建一个 60cm 高的"栅栏"就可以阻断飞得很低的母蝇，而引入有益的线虫是另一种防治锈蝇的方法。裂根是土壤水分含量不当的标志。当胡萝卜的顶部从土壤中伸出时，就会出现绿肩。

胡萝卜

西蓝花

抱子甘蓝

卷心菜

花椰菜

甜玉米 (*Zea mays*)

从果蔬园新采摘的甜玉米是一种美味，味道甚至比路边卖的"新鲜"玉米还要好。玉米很容易种植，但需肥量很大。即使在肥沃的土壤中，也需要增施养分，尤其是氮肥。

一般来说，甜玉米需要较长的时间生长，有充足的阳光，温暖或炎热的天气，pH 值在 5.5 ~ 6.8 之间始终湿润的土壤。也有一些生长时间短，适应较凉爽气候的优良品种，所以要寻找适合自己所在地区的品种。为了延长收获时间，应种植几个成熟期不同的品种。

在霜冻的危险过去之后，分块种植玉米，每块至少四行，这样被风吹起的花粉可以落在雌穗上。当植株长到 10 ~ 15cm 高时，按照包装上建议的间距进行间苗。定期在茎秆周围培土以稳定植株。玉米粒饱满，里面的浆液呈乳白色时即可收获。

许多病虫害都会侵袭玉米，特别是在不太理想的土壤中。棉铃虫和欧洲玉米螟虫都是毛虫类害虫。为了防止棉铃虫，可在每只雌穗的顶端缠上橡皮筋，或在外皮顶端滴上 10 滴矿物油。许多益虫会捕食这些害虫，所以应尽量避免使用任何杀虫剂。试试用芽孢杆菌（*Bacillus heliothis*）防治棉铃虫，用苏云金杆菌（BT）防治玉米螟虫，这两种方法都可以使益虫免受伤害。

防治玉米病害的最好办法是保持的土壤肥沃。为防止小型动物侵害玉米田，可按照第 3 章所示，用篱笆把玉米地围起来，或用小纸袋和铁丝网把快成熟的雌穗包起来。

黄瓜 (*Cucumis sativus*)

黄瓜是传统的园艺种植蔬菜，新鲜的黄瓜可以用于制作沙拉和三明治，也可以用盐水腌渍。大部分黄瓜都是蔓生作物，茎能长 3 ~ 4m 长。但如今，也有了灌木型黄瓜，对于较小的花园或盆栽种植，这是理想的选择。

黄瓜需要每天至少 6 个小时的阳光照射，在 pH 值在 6.5 ~ 7.5、水分含量稳定、排水性良好的肥沃土壤中生长得最好。黄瓜喜欢炎热潮湿的气候，几乎可以在任何地方生长，但生长季短，在 10℃ 以下就会受损。在霜冻的危险过去之后，按行或按堆直接播种。如果种植幼苗，应种在泥炭盆中——黄瓜的根系在移栽过程中不耐受干扰。应留出足够的空间让植物伸展，或者也可以把黄瓜种在篱笆或棚架上。

病虫害容易侵扰黄瓜。在植株上能看到南瓜虫、蚜虫和黄守瓜。可以用手捡去南瓜虫，也可以让瓢虫和其他本地益虫捕食蚜虫。为了预防黄守瓜，可以使用移动小型拱棚，直到花开、需要由飞虫授粉时为止。如果这些措施没有效果，可以购买除虫菊酯类杀虫剂。黄瓜对疮痂病、花叶病毒和几种霉病很敏感，幸运的是，有一些抗病品种可供选择。另一种致命疾病青枯病能通过黄守瓜进食传播。若由于这种病造成植株死亡则应种植第二季黄瓜，通常在六月底或七月，这取决于所在地区的天气条件。这茬作物能使成熟收获期延长到霜冻前。在大多数年份里，双层塑料或移动小型拱棚可以保护植物度过秋季的第一次霜冻。

甜玉米　黄瓜

茄子 (*Solanum melongena*)

茄子的果实外皮紧绷，有光泽，呈深紫色、青绿色、白色，仅为了美观，就很值得种植。如果你爱吃茄子，那它更是一个不错的选择。这种西红柿、土豆和矮牵牛花的近亲需要较长的生长时间、高温、充足的阳光、充足的水分，土壤 pH 值在 5.5～6.8 之间。

播种种植较难，所以建议购买幼苗种植。可以在最后一场霜冻前 8～10 周在室内播下种子，然后等一周左右让植物适应室外。日间气温达到 21℃ 再定植至果蔬园中。在北方地区可以种植快熟的品种，或者在生长期的前半部分通过用塑料薄膜使土壤升温和保护幼苗来延长生长季。当植物开花时，将薄膜揭开，如果夜间温度降至 15.6℃ 以下，则应将覆盖物恢复。

茄子嫩的时候吃起来味道最好，所以要趁茄子皮还光滑的时候采摘。白皮品种和细长的品种往往更甜。茄子常见病虫害与西红柿的相同。

羽衣甘蓝 (*Brassica oleracea*, Acephala group)

羽衣甘蓝是最有营养的蔬菜之一，幼嫩时可作沙拉叶菜，也可以等成熟了以后再烹食。一些彩色的栽培品种常作为观赏植物进行种植，或者也可以作为可口的配菜。羽衣甘蓝非常耐寒，冬季温度在 4℃ 以上的地区全年都能种植，哪怕 -23℃ 也能存活。即使在北方地区，使用大棚，在冬季也可以收获成熟的植物。

羽衣甘蓝与近亲西蓝花和其他芸薹属植物有着同样的生长需求。只要春季土壤解冻就可以直接播种；至于秋茬，则在仲夏再次直接播种。羽衣甘蓝经历霜冻后味道最好，所以可在秋季种植。栽培品种"红俄罗斯"和"野生花园"特别嫩。羽衣甘蓝通常没有病虫害问题，可能会遭受的病虫害同西蓝花和其他芸薹属植物。

韭葱 (*Allium porrum*)

韭葱是洋葱家族中的一员，非常容易种植。这种植物需要充足的阳光，高肥力、土壤 pH 值在 6.0～7.0 之间，较长的生长时间，凉爽的气候，不过，如果水分充足，也能忍受高温。要直接播种的话，最好在霜冻前 10～12 周在室内播种，等到幼苗长到 4～20cm 高时移栽到果蔬园里。如果天气预报表明将有严重的晚霜，可以用覆盖物保护幼苗。在较温暖的地区种植或种植短季品种时，可以在早春直接在花园里播种。

为了让韭葱长出又长又嫩的白色茎，应把幼苗种在深沟中，然后再回填，只覆盖根和茎的底部。随着植物的生长，继续在茎周围培土。也可以种不黄化的韭葱，其白色的部分会短一些，但是仍然很美味。

韭葱经得起秋天的霜冻，在许多地方都能挺过冬天。在北方，一旦冬季日常气温低于冰点，就应在作物上盖上覆盖物以延长收获期。护根物可以保持土壤足够温暖，这样就可以在冬季不断采摘。韭葱一般没有病虫害，但也可能会出现一些与洋葱相同的问题。

羽衣甘蓝

茄子

韭葱

生菜 (*Lactuca sativa*)

生菜是私家果蔬园的一大美食。你可以种植比食品店里更多的生菜品种，然后现吃现摘。生菜有各种各样的叶片类型：有的皱缩、有的光滑；有的柔嫩、有的松脆；有的松散、有的紧凑——搭配各种红色、青铜色或绿色食材，让你的沙拉既美观又美味。

生菜需要pH值在5.8～7.0之间肥沃、排水性良好的土壤，充足的水分。生菜喜欢凉爽的天气，不过也能耐受26℃以上的温度。在阳光充足（凉爽气候）到部分遮阴（温暖气候）的条件下生长旺盛。炎热的天气下，许多品种会过早结实，叶片也会枯萎、变硬、变苦。现在也有一些耐热的栽培品种可供选择。

幼叶可在播种后28～35天后收获，生长季较长的生菜需要75天才能成熟，大部分的生菜需要45～55天。生长季短就使接连种植变得切实可行。在无霜期前8周左右开始种植第一茬作物，并在无霜期前2周移植，之后过7～10天开始连续种植（也可以购买幼苗或将种子直接播种到果蔬园里）。在夏季温和的气候下，连续种植可以保证整个夏季到秋季都能吃到生菜。在冬季温和的气候条件下，秋季种植的作物可以在整个冬季不断采收。

在肥沃的土壤里种植的生菜很少出问题。如果可能的话，应在种植前铺一层3～5cm深的堆肥。在排水性不良的土壤和植株过于密集的果蔬园中，底部的叶片经常腐烂。如果开始腐烂，就清除并销毁作物，以避免病害蔓延。为每个球生菜留约0.1m²的生长空间。对于叶用型生菜，移植幼苗或直接播种时，间距约8cm；采收幼嫩的植物后再间一次苗。从成熟的植株上摘取外部的叶片来延长叶用生菜的收获期。

生菜

甜瓜

西瓜

瓜类：甜瓜 (*Cucumis melo*, Reticulatus group), 哈密瓜 (*C. melo*, Cantalupensis group), 白兰瓜 (*C. melo*, Inodorus group), 西瓜 (*Citrullus lanatus*)

刚从自家果蔬园里摘下来的西瓜是夏季绝佳的美食，比商店里买来的还没怎么熟就摘下来的西瓜美味得多。西瓜需要充足的日照、较长的生长时间、高温、充足的水分、排水性良好的富含有机质的肥沃土壤，pH值在6.5～7.0之间。瓜类植物需要10℃以上的夜间温度和26℃以上的日间温度。如果所在地区的气候不能满足这些条件，可以尝试早熟的杂交品种，也可以用塑料地膜和大棚或小型拱棚满足生长。

瓜类大多数品种是蔓生的，会占据很大的空间，不过，也有一些新的杂交品种是灌木型或株型相对较小的。也可以把瓜藤架在棚架或栅栏上，不过，必须能支撑起沉重的果实。根据所处的位置和植物的成熟期，可以在霜冻前4周开始在室内播种。最后一次霜冻后，温度不那么寒冷时移植幼苗（购买的或自产的）或直接播种。

了解植物什么时候收获很重要。大多数哈密瓜在成熟的时候会从藤蔓上"滑"下来，这意味着如果用拇指在果实和藤蔓相连处轻轻按压，它们就会从藤蔓上脱落下来。收获其他瓜类时，必须学会估量其成熟度。香瓜的香味是最好的标准。对于西瓜和其他厚皮类型的瓜，可以根据以下三个步骤判断其成熟度：第一，查看果实上方的小卷须是否已经枯萎并变成褐色；第二，看看瓜果底部的黄斑是不是很大很黄；第三，敲击果实，听是否有深沉、洪亮的声音。通过实践，这些指标将帮助你很容易辨别瓜果是否成熟。

瓜类和黄瓜、南瓜存在同样的病虫害。

洋葱 (*Allium cepa*), 大蒜 (*A. sativum*) 和青葱 (*A. cepa,* Aggregatum group)

洋葱和大蒜是不可或缺的食材。小洋葱，被称为大葱或绿洋葱，当它们的球茎很小、芳香的绿叶很嫩时就可以收获；洋葱要收获大鳞茎。所有洋葱都可以采收青叶食用，不过，某些栽培品种只有这种价值，就像其他品种采收成熟的鳞茎一样。一丛火葱可以长出多达 12 个球茎。大蒜的鳞茎很结实，呈楔形，而不是同心层状。

洋葱类植物需要排水性良好、肥沃的土壤，pH 值为 6.0 ~ 6.5。光照的长度、温度和湿度都会影响洋葱的生长；应选择适合你所在地区环境条件的品种。尽管在温暖的气候地区洋葱可以耐受部分遮阴，但在大多数地区，洋葱需要充足的阳光。

根据洋葱的种类和个人的喜好，洋葱可以用种子、幼苗和小鳞茎种植。火葱通常是用小鳞茎种植。播种种植洋葱时，在无霜期前 8 ~ 10 周内播种。在最后霜冻前 2 周将购买的或自己播种种植的幼苗移栽到果蔬园里。如果生长季很长，或者你选择的是快熟的品种，也可以在霜冻前 2 周在果蔬园里直接播种。

许多人更喜欢用洋葱栽子，而不是种子种植。栽子更容易处理，比种子直接播种的洋葱成熟得更快，也可以在很长时间里不断收获新鲜洋葱。春季土地解冻后就可以种植栽子了。

火葱可作调料蔬菜食用，具有独特的葱蒜气味。可采摘火葱的嫩茎叶食用，也可挖出鳞茎食用。挖出鳞茎后，让鳞茎的皮在温暖明亮的地方干燥大约一周。一旦碰触鳞茎的皮会发出沙沙声后，就可以把鳞茎用网袋装好储存在凉爽但不结冰的地方了。

火葱栽子在早春种植，在冬季气候温和的地区则在晚秋种植。可以买火葱的种子，在春天土壤开始解冻时直接在果蔬园里播种。火葱的收获和处理同洋葱。

大蒜鳞茎最好在秋季种植，即大约种植郁金香的时节。注意地面结冰后要覆盖护根物。在春天，一旦地上部分开始生长就把护根物扒开，但是如果有严霜威胁，就需要把植物再盖起来。在来年的七月中旬可以收割秋季种下的大蒜。像洋葱一样进行处理和储存即可。

葱蝇和蓟马是洋葱类植物的常面对的虫害。葱蝇一旦侵染植株就会死掉。应销毁受感染的植物，用有益的线虫（在许多园艺店都有售）处理土壤。葱蓟马吃叶片的内部，会使叶片形成连片的银白色条斑。许多真菌性疾病都有可能侵袭洋葱，最好的防御方法是充分预防。还应注意种植抗病品种，种在排水性良好的土壤里，植物间距应适当。如果真菌病害很严重，可以使用铜或硫类杀菌喷雾剂。

洋葱

大蒜

豌豆

辣椒

豌豆 (*Pisum sativum*)

新鲜豌豆的味道非常不错。可以直接从果蔬园摘取嫩荷兰豆、脆豌豆或健康新鲜的去壳英国豌豆烹食。豌豆很适合冷冻储存，也可以晒干，这样常年都可以食用。过去人们最常种植英国豌豆或菜豌豆，如今，人们也开始种植荷兰豆和甜豆，这两种豌豆都可以带荚食用。

豌豆喜欢凉爽的气候，充足的阳光，持续湿润、排水性良好、中等肥力的土壤，pH 值在 5.5 ~ 6.8 之间。在春季，只要土壤解冻后就可以种植。在夏季炎热的地区种植有风险，因为在温度持续超过 21℃以上后，豌豆就不容易成熟。豌豆种子可以用杀菌剂处理，以防止它们在凉爽潮湿的土壤中腐烂。豌豆可以在适度的霜冻环境中存活，也可以在只有小型拱棚的情况下熬过轻度降雪的天气。至少每隔一天采摘一次豌豆。新鲜的豌豆很嫩，如果让许多豆荚充分成熟，藤蔓就会停止开花。冬季气候温暖的地区，通常在夏末种植豌豆，秋季进行收获，这是最理想的时节。如果天气不是太潮湿，植物就不容易患上真菌病害。

可以在灌木型豌豆和高大的栽培品种之间选择种植品种。人们总以为灌木型植物不需要支撑物，其实，如果植物不拖拉在地上，产量常常会更高，豌豆也会更健康。应为所有类型的豌豆准备大小合适的支撑物。

豌豆最主要的问题是真菌病害。预防真菌病害最简单的方法就是每年把豌豆移栽到果蔬园的不同地方。严重的病害可以用含铜或含硫的杀菌剂进行治疗。蚜虫携带着一种对豌豆致命的疾病——豌豆花叶病。可以通过喷水冲掉叶子上的害虫，帮助瓢虫和其他本地益虫控制蚜虫。为了避免豌豆在凉爽潮湿的天气里发生霉病，可以使用滴灌系统或渗水软管，避免水弄湿叶片。

辣椒 (*Capsicum annuum* var. *annuum*)

自家种的辣椒非常美味可口。你可以选择一系列鲜艳的绿色、红色或黄色的甜椒，也可以种植辣度不等的红辣椒。有了自家种植的辣椒，可以给沙拉增色、给酱汁调味，还可以做出世界各地的菜肴。在夜间温度为 16℃ ~ 18℃，白天温度为 29℃ ~ 32℃的时候，辣椒生长得最好。辣椒喜欢阳光充足、排水性良好的肥沃土壤，pH 值在 5.5 ~ 6.9 之间。购买种子或植株种植均可。在无霜期前 8 周在室内直接播种，在最后一次霜冻后一周定植到户外。在生长季较短的地方，可以选择早熟品种或延长生长季。使用像茄子一样的大棚养护方法就能令辣椒旺盛生长。

某些品种的"青椒"其实还没成熟，它们成熟后（通常需要 10 ~ 15 天）会变成黄色或另一种奇异的颜色，不过，大多数会变成红色。许多人认为，更甜、更有营养、更鲜艳的成熟青椒值得等待。催熟的青椒更容易受到病虫害的侵袭。为了避免病虫害问题，可以在青椒大约变色一半的时候从藤蔓上剪下来，令其在室内成熟。

辣椒和青椒的病虫害与西红柿相似。

土豆 (*Solanum tuberosum*)

想让土豆满足一个家庭全年的供给需要大量的土地面积。但是，把宝贵的庭院空间用于种植看似不起眼的土豆有两个很好的理由。首先从自家院中收获的新鲜土豆食用时有一种在商店里买的土豆没有的美味口感。第二个是为了乐趣和感受品种的多样性，土豆有黑皮和绿皮，甚至还有白皮、紫皮的土豆。

　　土豆能忍受低温（但不能忍受霜冻），可以在春季最后一次霜冻前2周种植。土豆喜欢阳光充足、肥沃、排水性良好的酸性土壤，pH值在5.5～6.5之间。可以用较大的土豆种薯切块种植，或用小土豆种薯整个种植。播种前几天，把大的种薯切成小块，每块上至少要有一个芽眼。将种薯块放在一层报纸上，让切口晾干。晾干的薯块或整个小种薯种植时应间隔30～60cm，再覆盖3～8cm土壤。

　　当芽长到13～15cm高后，在植株上面培土，只留顶部的2～4片叶片露出来。每10～14天重复一遍这个步骤，直到土堆高30cm或植物开始开花为止。

　　土豆的成熟期因品种而异。为了可以持续收获，应分别种植早、中、晚熟的品种。植物开花时，可以开始收获嫩土豆，称为"土豆仔"。要收获完全成熟的土豆需等到茎叶枯萎。大多数土豆的茎叶会自然枯死，如果没有枯死，可以在早秋的时候砍掉地上部分。当茎叶枯萎或割断后，就可以挖土豆块茎了。如果想储存土豆，应等2周；延迟采挖是为了让土豆的皮变得足够厚，能够经得住长时间的储存。挖出来之后，把土豆在室外单层摆放，通常会在上面盖一层报纸，或将其放在一个完全黑暗的地方。注意不要清洗。等到土豆皮完全干燥后，再小心地装进粗麻袋或硬纸箱。冬季应将其储存在温度略高于0℃的避光处。

　　将正在生长或已经收获的土豆的表皮暴露在阳光下会刺激土豆块茎产生茄碱，如果大量食用，会有中毒危险。当土豆表皮变成绿色则是警告我们这个土豆已经不能吃了。为了避免土豆变绿，要在它生长的时候培好土，收获之后立即放在避光处。

　　土豆深受许多病虫害的侵扰。马铃薯甲虫是最常见的害虫。可以通过用干秸秆覆盖植株来压死叶片下面的橙色卵、拿掉成虫来防治害虫。苏云金芽孢杆菌（BT）也是一种补充性防护措施。真菌性病害也很常见。为了把病虫害降到最低，应只在排水性良好的土壤中种植土豆，而且至少不要连续4年在同一个地方种植土豆。必要时可以用含铜或含硫的杀菌剂处理已发病叶片。疮痂病是一种看起来像疣的表皮病害，通常可以通过保持土壤较高的酸性（pH值6.0以下）来进行预防。其他病虫害参考西红柿。

土豆

菠菜 (*Spinacia oleracea*)

　　美味脆嫩的菠菜是沙拉爱好者的最爱。菠菜喜欢充分或部分日照，土壤需肥沃、富含有机质、pH值为6.0～7.0且水分充足。菠菜是许多人种植的第一种作物。在最后一次霜冻之前，只要土壤一解冻，就可以在菜地上铺4cm左右的堆肥，然后播种菠菜。每7～10天可再种一次。菠菜是一种在冷凉天气下生长得很好的作物。在夏季气候温和的地方，从播种时起可以一直收获，直到夏季白天温度持续达到21℃时为止。在仲夏到暮夏，可以开始种植秋季品种。

　　一旦温度变高，菠菜很快就会结籽，所以在夏季天气炎热的地方，可将菠菜作为早春和秋季作物种植，在温度较低的时候收获。或者也可以种植番杏，虽然不是真正的菠菜但类似菠菜，主要是因为它比较耐热。如果所在地区夏季很热、冬季温暖，可以在9—10月种植菠菜，秋末和冬初进行采收。

　　为了加速菠菜发芽和生长，可以用小型拱棚覆盖所有的早春作物。当夜间温度达到7℃以上、白天超过15℃时，可以撤

菠菜

西葫芦

橡子南瓜

胡桃南瓜

掉覆盖物。当夜间温度低于4℃时，应给秋茬作物加覆盖物。

　　菠菜有几次收获节点。间苗是第一次收获，摘下柔嫩的幼苗食用，使剩余植株相距约20cm。随着植物成熟，可以逐渐开始采摘外面的叶片食用，如果天气足够凉爽，这样的采收可以进行两到三次。当中心叶柄抽出时，就该采收整株植物了。如果你种植的是抗病品种，很少会有病害问题。

南瓜属 (*Cucurbita pepo, C. maxima, C. argyrosperma, C. moschata*)

　　南瓜是最常见的庭院蔬菜之一。在某种程度上是因为南瓜的种类很多。夏南瓜有黄色、绿色和白色，形状和大小各不相同，通常长成蔓生的灌木，在果实成熟之前就要采摘。冬南瓜包括橡子南瓜、胡桃南瓜、毛茛南瓜等，这些品种通常在外皮变硬后收割，方便储藏。

　　其中属于夏南瓜的西葫芦种植最广泛。充足的阳光，肥沃的土壤（pH值在5.5～6.8之间），以及持续的高湿度环境，这种植物就能证明它是名副其实的高产作物。除非你真的喜欢吃西葫芦泡菜、西葫芦煎饼、西葫芦砂锅菜等任何西葫芦菜肴，否则每次只种一两丛即可。西葫芦的栽培技术同黄瓜。

　　大多数夏南瓜可以在种植后50～60天采摘。因为是在不成熟的时候进行采收，所以你可以根据个人口味或目的进行采摘。新鲜食用时，可在西葫芦长度不超过20cm时采摘，香蕉西葫芦在最大为13～15cm长时采摘。扁圆南瓜和其他的球形南瓜最好在直径10～13cm时采摘。收获期间，每天花点时间从几个不同的位置看看叶片下面，如果你有几天不能照料果蔬园，应

在离开前把你看到的所有小南瓜都摘下来。

　　冬南瓜在高光照、高温度、高肥力和高湿度的条件下很容易生长。如果空间狭小，可以选择灌木型品种；如果有一定空间，可以选择一些像"红薯南瓜"这样的蔓生型品种。这些作物的处理同瓜类作物。

　　冬南瓜的生长季比夏南瓜长得多，收获的时间因品种而异。结实的表皮、颜色的变化，以及南瓜接触土壤处的黄色斑点都是它成熟的标志。除了胡桃南瓜外，这些南瓜都能经受轻微的霜冻。如果先让南瓜硬化，就可以储存好几个月。采摘后，放在高处的隔板上或有明亮阳光照射的桌子上，每天翻动，放置一周左右。如果有轻微霜冻的威胁，就用防水布盖上，如果可能会有很严重的霜冻就将其移至室内过夜。储存时应将其放在10℃～15℃的避光处。

　　瓜类植物的病虫害都很相似，南瓜还要当心白粉病，特别是在生长季末期。在刚出现这种疾病的症状时，将一汤匙小苏打和一汤匙洗洁精或肥皂水混在4升的水中，每隔几天向植物喷洒一次。此外，也可以使用含硫的杀菌剂。

西红柿 (*Lycopersicon lycopersicum*)

　　毫无疑问，西红柿是家庭果蔬园中最受欢迎的蔬菜（严格来说，西红柿是一种水果）。自家种植西红柿在口味、产量方面都有保障，从外面买来的西红柿的味道都比不上自家种的西红柿。一株植物可以生产4.5～9.0千克的优质果实，而且西红柿的栽培很容易。虽然也有一些有趣的品种和原生品种的西红柿可以种植，但是这些品种可能比现代杂交品种更容易患病，所以最好还是选择一些抗病品种来种植。

西红柿需要充足的日照，适度肥沃、排水性良好、持续湿润的土壤（pH 值在 6.0 ~ 6.5 之间）。可以购买幼苗，或者提前 6 ~ 8 周在室内直接播种。如果有人造光源，可把定时器设置为一天光照 14 ~ 16 个小时。日间温度在 15℃ ~ 18℃、夜间温度 10℃ ~ 12℃时幼苗生长最好。如果打算种在窗台上，可以提前 8 周直接播种；有光照的情况下，6 周也会有同样的效果。

等霜冻期过去就可以移植西红柿。在夏季气候凉爽的地区可以使用塑料地膜和小型拱棚。在夏季气候较炎热的地区，只需在生长季开始和结束时用秸秆和小型拱棚进行覆盖。

有的西红柿是无限生长类型的植物，这意味着只要还活着，植株就会继续从顶部生长，有的西红柿是有限生长类型，有限生长类型的植株长到一定高度后就停止生长。许多挂果过早的西红柿是有限生长类型。应将无限生长类型的植株固定在木桩上，修剪至只剩一个或两个主茎。无限生长类型在笼架中也生长良好，不要剪去其枝条。

当西红柿的颜色呈现出浅红色时，就会有一种熟透了的味道。此时采摘后，把果实放在温暖的避光处，直到完全变色。

西红柿是许多不同的病虫害的目标。常见的疾病包括早疫病、晚疫病、斑枯病和细菌性斑点病，所有这些疾病都会导致叶片上出现斑点，如果不加以控制，最终会导致植株死亡；青枯病、枯萎病和黄萎病，这些病害会阻碍植株的水分和营养物质的输送；炭疽病和灰霉病会导致果实出现斑点并腐烂；还有各种病毒性病害，这些病害会导致枝条畸形、叶片斑驳和发育迟缓等各种症状。有几种方法有助于避免这些病害的发生。购买抗病栽培品种，抗枯萎病和黄萎病的品种随处可见。不要连续几年在同一地点种植西红柿（如果空间允许，每 4 年换一块地种植）。扔掉所有患病的植物组织，而不是将其用作堆肥。如果所患病害很严重，可以向专业人士咨询毒性最低的解决措施。

除了经常会传播西红柿疾病的蚜虫，常见的害虫还包括能在叶片上啃出小圆洞的跳甲；能将叶片啃成"骨架"的马铃薯甲虫；吸吮细胞汁液的红蜘蛛；吞食叶片和果实的烟草（西红柿）天蛾；还有线虫，一种会摧毁植物根系的小蠕虫。小型拱棚可以保护植物免受很多种害虫的侵害，而花园里的益虫通常可以控制住蚜虫。如果红蜘蛛对植株造成了威胁，可以将其从叶片上冲掉，并在软管上安装喷雾喷嘴每天早上给这块地增加湿度。还可以用镊子把天蛾摘下来，然后将其放入装有肥皂水的瓶子里。购买抗线虫的品种来控制这种害虫。如有严重病虫害，应向专业人士寻求帮助。

西红柿

西红柿

盆栽花园

——阳台微型花境设计

剪枝

——庭院常见植物修剪

庭院风骨

——树·灌·篱

红砖造景实例

——专为露台和小庭院设计

图解造园

——庭院景观施工全书

垂直花园

——庭院藤蔓植物选择与造景